実用理工学入門講座

知能情報工学入門
―ソフトコンピューティングの基礎理論―

元 立命館大学 教授
大 和 大 学 教授　博(工)　前田陽一郎　著

日新出版

まえがき

　2016年3月に、世界屈指のトップ棋士がGoogle DeepMind社によってディープラーニング（深層学習）の技術を用いて開発されたコンピュータ囲碁プログラムAlphaGoと5戦対戦し、3連敗して人類が人工知能に敗北したという衝撃的なニュースが世界中に流れたことは記憶に新しい。AlphaGoはその後も人類最強棋士に勝ち続け、2017年5月に引退を表明するが、囲碁に関わるすべての人に感謝の意を表し、AlphaGo同士のセルフ対局の内、特別に選ばれた50局がDeepMind社の公式サイトに公開されて話題を呼んだ。しかし、セルフ対局の対戦内容は人間には理解不能で奇想天外な対戦であったそうである。これは、コンピュータがお手本にしてきて決して超えることができなかった人類の頭脳を超えられることを証明した瞬間であった。

　ディープラーニングで最近盛り上がりを見せる人工知能であるが、その根幹にある技術はニューラルネットワークや強化学習など、生物の情報処理機構を模擬した「ソフトコンピューティング」と呼ばれる手法である。これらのソフトコンピューティング手法は主にここ半世紀の1960年代以降に考案されたものばかりである。しかしながら、ソフトコンピューティング手法のほとんどは生物や人間をモデルとしており、まだ未解明の生体情報処理メカニズムを導入することで、今後もディープラーニングのような各段に知能化レベルを高める技術が開発される可能性も残されている。

　このように最近のニュースを聞くと人工知能はもう人間を超えたと考える人も多いであろうが決してそうではない。例えば、ロボットも最近高度化が目覚しいものとして知られているが、その機能の中で最も遅れているのがこの「知能」である。ロボット研究者は、人間と対等に共存できる能力をもった鉄腕アトムのような知能ロボットの開発を目指している。しかし、世界最高レベルのロボットでもその知能は2歳児程度であり、3歳の壁を未だに超えられていない。これは囲碁や将棋のように特定の能力では人間を超える人工知能を作れても、汎用的な知能の実現は極めて困難であることを意味している。そのため汎用知能が要求されるロボットに人間と同等の能力をもたせるにはまだ先は遠く、今なお人間の能力に近づける挑戦が続けられている。

本書では、ソフトコンピューティング手法の理論と応用を中心にわかりやすく解説した。ソフトコンピューティングと言っても非常に多くの理論や手法が提案・研究されており、これらのすべてを本書で解説することは不可能である。そこで、これらの理論を大きく4つのカテゴリーに分け、「曖昧理論」、「学習理論」、「進化理論」、「複雑系理論」のそれぞれについて、なるべく偏ることなくできる限り平易な解説を試みた。さらに、これら以外にいくつかの手法の融合理論として「ハイブリッド手法」、近年研究が盛んになっている生物の集団や社会を模倣した「生物群知能」についても別章を設けて解説した。それぞれの章内には理論や手法の実用性を理解してもらうために、筆者らが過去に行った研究を中心に応用事例もいくつか紹介するように努めた。

　本書は、大学の情報系の学部における教養科目から専門科目まで幅広く利用できるよう配慮し、入門書として執筆したつもりである。もちろん本書の手法のいくつかを理解するには、ある程度の数学的知識（例えば、集合・関係、論理、グラフ理論などの離散数学、常微分方程式、差分方程式などの線形代数など）は必要であり、これらの基礎知識については前提として読者がもっていると仮定している。そのため、大学の授業で本書を利用するのに最も適しているのは2〜4年生および大学院生であると思われるが、講義で利用する場合には、「曖昧理論」〜「複雑系理論」の4章でそれぞれ各3回の授業を行い、「ソフトコンピューティング概論」、「ハイブリッド手法」、「複雑系理論」で各1回の授業を行えば、全部で15回の講義になるよう想定した。

　筆者の研究室では、様々なソフトコンピューティング手法を用いて、人とロボット、人とコンピュータ、などの双方向インタラティブ・コミュニケーションにおける人間共生システムの研究開発を行っている。人間共生システムには、自律性はもちろん、人との親和性も不可欠となる。このようなシステムを構築するには、コンピュータやロボットなどの工学的知識だけではなく、それを扱う人間をも理解することにより、広い視点でシステムを設計する必要がある。コンピュータと人間との共存・共生は、今後の社会においても重要な課題になるが、その際、人間や生物に基づくソフトコンピューティング手法は必須のコア技術になると考えられる。本書がこのような知能化技術における次世代の新たなブレイクスルーとなるための一助になれば幸いである。

平成29年6月　　　　　　　　　　　　　　　　　　　　　　　　　　前田　陽一郎

目次

はじめに I

第1章 ソフトコンピューティング概論　1
演習問題1 7

第2章 曖昧理論　9
2.1 ファジィ理論 9
 2.1.1 ファジィ集合 11
 2.1.2 ファジィ関係 18
 2.1.3 ファジィ命題 21
 2.1.4 ファジィ論理 22
 2.1.5 ファジィ推論 23

2.2 ファジィ推論の制御応用 26
 2.2.1 ファジィ制御 27
 2.2.2 min-max-重心法 29
 2.2.3 簡略化ファジィ推論法 30
 2.2.4 ファジィ制御ルール 32

2.3 ファジィ理論の応用事例 33
 2.3.1 ファジィ障害物回避制御 33
 2.3.2 階層型ファジィ行動制御 37

演習問題2 40

第 3 章　学習理論　　41

3.1　ニューラルネットワーク　　41
- 3.1.1　ニューロンとシナプス結合　　42
- 3.1.2　ニューロンの演算　　43
- 3.1.3　ニューラルネットワークの構造による分類　　45
- 3.1.4　パーセプトロン　　47
- 3.1.5　誤差逆伝播法（バックプロパゲーション）　　48
- 3.1.6　CMAC　　54
- 3.1.7　自己組織化マップ　　56
- 3.1.8　深層学習（ディープラーニング）　　60

3.2　強化学習　　65
- 3.2.1　強化学習の枠組み　　66
- 3.2.2　TD 学習　　68
- 3.2.3　Q 学習　　69
- 3.2.4　Profit Sharing 法　　72
- 3.2.5　Actor-Critic 法　　74

3.3　学習理論の応用事例　　76
- 3.3.1　CMAC によるオペレータの操作特性学習　　76
- 3.3.2　Shaping 強化学習　　77

演習問題 3　　85

第 4 章　進化理論　　87

4.1　遺伝的アルゴリズム (GA)　　87
- 4.1.1　GA の基本概念　　89
- 4.1.2　GA の遺伝的オペレータ　　90
- 4.1.3　GA の処理アルゴリズム　　94
- 4.1.4　スキーマタ定理　　98
- 4.1.5　並列遺伝的アルゴリズム　　101

4.2　遺伝的プログラミング (GP)　　103

		4.2.1 GPの基本概念 103
		4.2.2 GPの遺伝的操作 104
		4.2.3 GPの処理アルゴリズム 106
	4.3	進化的アルゴリズム 108
		4.3.1 進化的戦略 109
		4.3.2 進化的プログラミング 110
	4.4	遺伝的アルゴリズムの応用事例 111
		4.4.1 GAの探索問題への応用 111
		4.4.2 GAの画像処理への応用 115
	演習問題4 122	

第5章 複雑系理論　　125

5.1 カオス理論 125
- 5.1.1 カオスの基本的性質 126
- 5.1.2 パワースペクトル 128
- 5.1.3 リアプノフ指数 128
- 5.1.4 フラクタル次元 129
- 5.1.5 自己相関関数 133
- 5.1.6 ポアンカレマップ 134
- 5.1.7 ロジスティック写像 135
- 5.1.8 ローレンツアトラクタ 142
- 5.1.9 レスラーアトラクタ 143
- 5.1.10 決定論的非線形短期予測 144
- 5.1.11 $1/f$ゆらぎ 147

5.2 複雑系カオス 149
- 5.2.1 間欠性カオス 149
- 5.2.2 大規模カオス 151

5.3 カオス理論の応用事例 155
- 5.3.1 間欠性カオスによるマルチエージェントロボットの障害物回避 155

	5.3.2　インタラクティブカオスサウンド生成システム	162
演習問題 5		167

第 6 章　ハイブリッド手法　　169

6.1	ファジィニューラルネットワーク	169
6.2	ファジィクラシファイアシステム	172
6.3	ハイブリッド型探索 GA	175
	6.3.1　ファジィ適応型探索 GA(FASGA)	175
	6.3.2　ファジィ適応型探索並列 GP(FASPGP)	177
	6.3.3　人工蟻探索シミュレーション	178
6.4	ハイブリッド手法の応用事例	182
	6.4.1　CMAC によるファジィルール学習	182
	6.4.2　ファジィ状態分割型強化学習	189
演習問題 6		196

第 7 章　生物群知能　　197

7.1	蟻コロニー最適化 (ACO) アルゴリズム	197
7.2	粒子群最適化 (PSO) アルゴリズム	201
7.3	差分進化 (DE) アルゴリズム	204
7.4	人工蜂コロニー (ABC) アルゴリズム	207
7.5	生物群知能の応用事例	212
	7.5.1　AC-ABC アルゴリズム	212
	7.5.2　GS-ABC アルゴリズム	213
	7.5.3　関数最適化シミュレーション	214
演習問題 7		220

参考文献	221
演習問題解答	230
索引	236

第 1 章

ソフトコンピューティング概論

　コンピュータは基本的に決められた演算などは正確かつ高速に計算できるが、思考や発想はできない。これに対し、人間はコンピュータにない能力をもつが、思考の基本には曖昧性や柔軟性があり、コンピュータには人間の言葉をそのまま認識することができない。そのため、ロボットや人工システムを構築する際には人間とコンピュータの間の架け橋が必要となるが、これを円滑にしてくれるのがソフトコンピューティングの役割である。このようにソフトコンピューティングは、あいまいで複雑な現実の現象そのものを対象にし、人間が行うような柔軟な取り扱いをし、その中にゆるい数理的・論理的な構造を見出し、ハードコンピューティングとの橋渡しをすることができる技術と言える。

　コンピュータやロボット分野の知能化理論としてよく知られている手法に、**人工知能** (Artificial Intelligence: AI)、**ファジィ理論** (Fuzzy Theory)、**ニューラルネットワーク** (Neural Network: NN)、**強化学習** (Reinforcement Learning: RL)、**遺伝的アルゴリズム** (Genetic Algorithm: GA)、**カオス理論** (Chaotic Theory)、**人工生命** (Artificial Life: AL) などがある。人工知能 (AI) は記号処理を用いた知識情報処理アプローチであり人為的に考案された知能化手法であるため Hard Computing と名付けるとすると、人工知能を除く他の手法は生物の知識情報処理から着想を得た柔軟な知能化処理が可能な方法論であり、これらは総称して「**ソフトコンピューティング**」(Soft Computing) と呼ばれる。

　ソフトコンピューティング手法に関する詳細な解説は各章で行うが、ここではまず

初めにこれらの知能化理論についてごく簡単に特徴をまとめておく[*1]。

- **人工知能** エキスパートシステム（定量的ルール）の構築
    例：大規模な論理、知識の表現（左脳のモデリング）
- **ファジィ理論** 人間のあいまい知識（定性的ルール）の記述
    例：経験、勘などノウハウの表現（右脳のモデリング）
- **ニューラルネットワーク** 脳の神経回路網を模擬した学習アルゴリズム
    例：教師あり学習、パターン認識、特徴抽出、データマイニング
- **強化学習** 報酬と罰による利得最大化行動学習アルゴリズム
    例：教師なし学習、自律的行動獲得、ロボットの行動学習
- **遺伝的アルゴリズム** 生物進化を模擬した遺伝子淘汰・交配メカニズム
    例：環境適応学習、組合せ最適化、スケジューリング問題
- **カオス理論** 自然界のゆらぎを表現した決定論的非線形システム
    例：複雑系解析、時系列短期予測、リラクゼーションシステム
- **人工生命** 人工的な生命現象のシミュレーション
    例：進化システム、人工生命アート・音楽

ソフトコンピューティングは、ファジィ理論の生みの親であるカリフォルニア大学のL.A.Zadeh（ザデー）[1]が提唱した用語で、これによるとファジィ理論、ニューラルネットワーク、確率的推論（Probabilistic Reasoning）の3つの知識情報処理手法を三角形の3つの辺としてソフトコンピューティングは形成されている。ファジィ理論は主に不正確さ（imprecision）、ニューラルネットワークは主に学習・知識獲得、確率的推論は主に不確かさ（uncertainty）に関係しており、これらは互いに協力関係にあるとしている。これは柔軟性、ロバスト性、不確定性、不確実性などを許容する新しい情報処理パラダイムであると考えることができる。従来の手法では、比較的単純な系しかモデル化できず、正確な解析もできなかった複雑系には威力を発揮する。

[*1] この中で、「人工知能」（Artificial Intelligence: AI）は1950年代から始まり、記号処理を用いた知識表現に基づくエキスパートシステムを実現する研究アプローチで、「人工生命」（Artificial Life: AL）は1987年にラングトンにより提唱され、コンピュータやロボットを用いて人工的に生命をシミュレートする研究アプローチである。これらは、ソフトコンピューティング手法の分類には直接は入らないため本書では取り扱っていないが、本章では関連理論として説明に加えている。

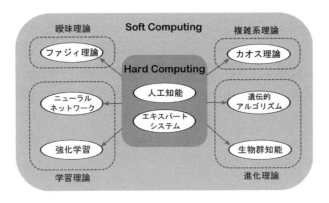

図 1.1: ソフトコンピューティング手法

このように、ソフトコンピューティングはザデーの定義が起源であるが、最近では様々な解釈が存在しており、もはや正確に定義することはできない。また、人間や生物の情報処理に基づくさらに多くの新たな手法も提案されており、より広義の定義を用いるほうが自然であると考えられる。そこで、本書ではザデーの定義を拡大解釈し、図 1.1 のようにソフトコンピューティングを大きく「曖昧理論」、「学習理論」、「進化理論」、「複雑系理論」に分類して捉えるものとする。

表 1.1 に代表的な知能化手法が提唱された時期をまとめてみた。このようにソフトコンピューティングの歴史はまだ半世紀が過ぎた程度で、比較的新しい理論であることがわかる。知能化の歴史を見ると、1950 年代に人工知能 (AI) 研究が始まり、その後、エキスパートシステムが全盛期を迎えたが、AI の能力の限界による行き詰まりにより、1960 年代以降にソフトコンピューティングが台頭した。これにより、「柔らかい」知識情報処理技術が計算機上でも実現可能となり、高速・高精度なハードウェアの格段の進歩も相まって、従来では実現不可能と言われていた柔軟な判断が可能な対人親和性の高い知識情報処理手法や、特定領域ではあるが人間を凌駕する能力をもつ高性能アルゴリズムが出現するようになった。

ソフトコンピューティング手法の登場により従来の知能化のための方法論を選択する幅が格段に増えた。このような時流に乗って、人工知能（AI）ですでに行き詰まり

表 1.1: ソフトコンピューティングの歴史

1943 年	ニューロンモデル（マッカロック、ピッツ）
1956 年	人工知能の提唱（シャノン、マッカーシー、ミンスキー、サイモン）
1958 年	パーセプトロン（ローゼンブラット）
1965 年	ファジィ集合論（ザデー）
1968 年	ファジィアルゴリズム（ザデー）
1974 年	フレーム理論（ミンスキー）
	ファジィ制御（マムダニ）
	ファジィニューラルネットワーク（リー）
1975 年	遺伝的アルゴリズム（ホランド）
	カオスアトラクタ（リー、ヨーク）
	CMAC アルゴリズム（アルバス）
1978 年	クラシファイアシステム（ホランド）
1982 年	ホップフィールド・ネットワーク（ホップフィールド）
	自己組織化マップ（コホーネン）
1986 年	バックプロパゲーション（ラメルハート）
1987 年	人工生命（ラングトン）
1989 年	Q 学習（ワトキンズ）
1990 年	遺伝的プログラミング（コーザ）
1991 年	ACO アルゴリズム（ドリゴ）
1995 年	PSO アルゴリズム（ケネディ）
2005 年	ABC アルゴリズム（カラボガ）
2006 年	自己符号化器（ヒントン）

をみせていた知能化研究も新たな方向へ発展しつつあり、今では図 1.2 のようにソフトコンピューティング手法の適用は、多くの学問分野や研究分野において広範囲に拡大している。

　これらのソフトコンピューティングの中でも、ファジィ理論の出現は可視性の良いルール記述が可能なことから人間の知能とコンピュータの情報処理との距離を急速に接近させた。ニューラルネットワークは最近の深層学習の活躍にも見られるように特定分野には限られているが人間の知能レベルに迫る潜在能力をもっている。また遺伝的アルゴリズムは最適化に優れた能力を発揮することで知られるが、最近では遺伝子工学の発達により新たな進化アルゴリズムの発見も期待されている。カオス理論は特

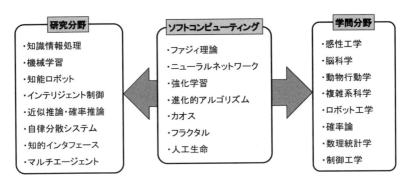

図 1.2: ソフトコンピューティングの関連分野

に様々な分野において重要となる予測性能の高さに特筆すべき能力をもっている。

最近ではソフトコンピューティング手法は、柔軟な情報処理手法を総称するようになり、多くの有効な方法論があるが、これらの特徴についてシステムの知能化レベルという観点で整理してみる。図 1.3 はソフトコンピューティング手法をシステムに適用する場合の知能化レベルによる適切な手法を概略図で表わしている。この図は知識の与え方および獲得方法が明示的な手法の順に上から並べてある。

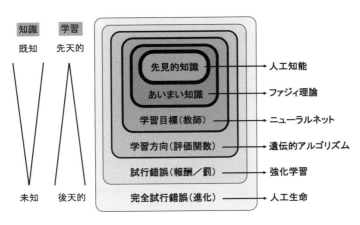

図 1.3: ソフトコンピューティング手法の特徴

人工知能（AI）は最も先見的（アプリオリ）な既知 (known) 知識が必要とされ、定量的ルールで記述する。またファジィ理論は AI では記述できなかったあいまいな知識（定性的ルール）が表現できる。ここまではアプリオリな知識表現手法であるが、ニューラルネットワーク（NN）以下は知識を自動的に獲得する能力をもつため基本的に表現するべき知識は未知 (Unknown) でもよい。NN はいわゆる教師と呼ばれる学習目標が一般に必要となる。これに対し、GA では学習目標が不明でも、いくつかの解候補（遺伝子集団）の性能を評価する評価関数（学習方向）がわかればある適切な解（知識）に向かって学習を行なうことができる。さらに強化学習法では報酬や罰といった発現する行為に対する粗い評価履歴のみで教師なし学習を行なうため、学習目標や学習方向すらも未知 (Unknown) であることが許される。また人工生命における進化的アルゴリズムを用いると完全なる試行錯誤ではあるが、世代を超えて全く新しい優れた知識を発現できる可能性がある。

本書では、ソフトコンピューティングの中核的技術であるファジィ理論、ニューラルネットワーク、強化学習、遺伝的アルゴリズム、カオス理論などについて詳しく解説する。ソフトコンピューティングの理論や手法は数多くのものが提案されているが、本書ではわかりやすく整理して説明するため、これらの理論を「曖昧理論」、「学習理論」、「進化理論」、「複雑系理論」と大きく4つのカテゴリーに大分類し、よく用いられる手法をいずれかのカテゴリーに含めて、あまり特定の理論に偏ることなく、専門的な難しい数式は極力避けて、可能な限りわかりやすく解説することに注力した。これらの大きな4つの分類以外にも、これらの手法の融合理論としての「ハイブリッド手法」と生物社会における集団知能を模擬した「生物群知能」についても最近の新しい知能化手法の傾向として紹介するために追加の章を設けて解説した。

演習問題 1

【1-1】知能化手法の特徴

代表的な知能化手法（人工知能、ファジィ理論、ニューラルネットワーク、強化学習、遺伝的アルゴリズム、カオス理論）について、「知識表現」「学習」「最適化」「予測」の観点から、どの手法が有効であるかを考察せよ。

第 2 章
曖昧理論

　ファジィ理論の日本語訳は「あいまい理論」であるが、決してあいまいな理論という意味ではなく、あいまいさを取り扱うことができる数学的理論である。一言に「あいまいさ」と言っても、蓋然性 (probability)、多義性 (ambiguity)、不正確性 (inaccuracy)、不完全性 (incompleteness)、曖昧性 (fuzziness)、不規則性 (randomness)、不確実性 (uncertainty) など様々な種類のものが存在する。この中で、曖昧性 (fuzziness) は主に言葉の曖昧さからくる不確定性を示している。もともと「ファジィ」(fuzzy)[*1]とは羊の毛などのように「毛羽だった、ぼやけた」という意味をもつ英語の fuzzy（形容詞）に由来しており、転じて、境界や境目がはっきりしていない状態を表している。曖昧・混沌といった概念は昔から明確なものを好む西洋人の発想にはあまりなく、ファジィ理論も当初は欧米にはあまり受け入れられなかったが、日本や中国などの東洋で最初に広く普及し、今では世界中でその有効性が認められている理論である。本章では、ファジィ理論について、ファジィ集合やファジィ論理の基礎理論から、ファジィ推論やファジィ制御の実用理論に至るまで詳しく解説する。

2.1 ファジィ理論

　ファジィ理論は 1965 年にカリフォルニア大学の Zadeh 教授 [2] により、言葉のも

[*1] 世の中では、かつての流行語として「ファジー」や「ファジイ」と表現することもあるが、工学分野では日本知能情報ファジィ学会が定めている「ファジィ」が正しいとされている。

つ意味の曖昧さ、主観性を扱う理論として提案された。Zadeh 教授は 50 年以上も前に Information and Control 誌における最初の論文 "Fuzzy Sets" において、『現実の世界で分類されているものの集まりには、それに属する、属さないが明確に定まらない場合が多々あり、このような明確な境界を持たないものの集まりを記述する新しい数学的枠組みとしてこれまでと異なった集合論が必要となる』と述べ、**ファジィ集合論**を提唱した。

ファジィ理論とは、このファジィ集合論に基づき人間の主観等のあいまいなものを数理的に取り扱うことができる理論である。ソフトコンピューティングの一手法として見ると定量データと定性データを変換するための理論でもあり、厳密な定量的モデルが構築できないようなシステムを取り扱うための理論と考えることもできる。

その後、Zadeh は 1968 年に**ファジィアルゴリズム** [3] を提案し、ファジィ推論の基礎を築き、ファジィ理論の研究は世界的に広がっていった。制御分野への応用が有名であるが、こちらは 1974 年ロンドン大学の Mamdani 教授 [4] がスチームエンジンの実験装置のファジィ制御を行ったのが最初である。1978 年にはファジィ理論に

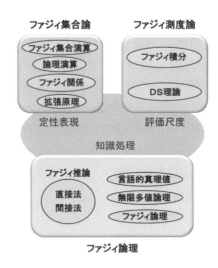

図 2.1: ファジィ理論の分類

関する国際学術誌 Fuzzy Sets and Systems が発刊され、1984 年には国際ファジィシステム学会（IFSA）が設立された。翌 1985 年には、日本で IFSA 日本支部が発足して同年から第 1 回ファジィシステムシンポジウムが開催されてきた。さらに、1989 年にはファジィ研究の発展とファジィ技術の普及の目的で通産省技術研究組合国際ファジィ工学研究所（Laboratory for International Fuzzy Engineering Research: LIFE）が設立され、同時に研究所内に日本ファジィ学会（現日本知能情報ファジィ学会）も発足し、日本におけるファジィ研究の基盤ができあがった。

ファジィ理論の研究分野には図 2.1 に示すように、**ファジィ集合論**、**ファジィ論理**、**ファジィ測度論**と 3 つの大きな柱がある。ファジィ集合論はファジィ理論全体の基礎となる、主に言葉のあいまい性を表現（定性的表現）するための理論である。ファジィ論理はこのファジィ集合を基に主にプロダクションルール（if-then ルール）で知識表現を行うための理論であり、ファジィ測度論は人間のあいまいな評価尺度を表現するための理論である。特に、ファジィ集合論とファジィ論理は様々な分野で広く利用されている。本書では一般によく用いられている理論に限定し、ファジィ測度論を除く、ファジィ集合、ファジィ論理、ファジィ推論についての説明を行う。

2.1.1　ファジィ集合

通常の集合論は、その集合に属する、属さないの 2 値で定義されていたが、現実の世界では境界が明確に定まっていない集合も数多く存在する。前者のように境界が明確な集合を**クリスプ集合**（crisp set）と呼び、それに対して後者のように境界が明確でない集合を**ファジィ集合**（fuzzy set）[*2]と呼ぶ。クリスプ（crisp）とは、ポテトチップのようにパリパリした様子を表す形容詞で、ファジィ集合と区別するために敢えて用いられることが多い。

クリスプ集合は集合に属する度合いを $\{0,1\}$ の数値（0 または 1 の 2 値のみ）で表すのに対し、ファジィ集合は区間 $[0,1]$ の数値（無限個存在することに注意）で表す。クリスプ集合として、例えば「実数」「A 社の社員」「身長 170cm 以下」などがあり、

[*2] 本書では、クリスプ集合とファジィ集合を区別するために、クリスプ集合を A とするとファジィ集合は $\tilde{A}$ のように表記した。

ファジィ集合として、例えば「平熱」「歳が若い」「背が高い」などがある。このようなファジィ集合を表現し、取り扱うための数学的枠組みがファジィ集合論である。

ファジィ集合の話をする前に、まず通常の集合論の復習をしておこう。通常集合（クリスプ集合）は境界が明確なものの集合であり、ある要素（または元）a は集合 A に属する（$a \in A$）か、属さない（$a \notin A$）かのいずれかの状態を取る。一般に、集合への所属度合いを示す関数は**定義関数**（または特性関数）と呼ばれ、集合の定義関数は、以下のような χ**(カイ) 関数**で示すことができる。

$$\chi_A(u): \quad U \to \{0, 1\} \tag{2.1}$$

$$\chi_A(u) = \begin{cases} 1 & \cdots \quad u \in A \\ 0 & \cdots \quad u \notin A \end{cases} \tag{2.2}$$

χ 関数の値は、ある要素が集合に含まれている時に 1 となり、含まれない時には 0 となる。よって、例えば 1 から 9 までの自然数の集合 U に対して 1～3 の自然数の集合 A を定義した時、χ 関数の値は以下のようになる。

$$U = \{1, 2, 3, 4, 5, 6, 7, 8, 9\}$$
$$A = \{1, 2, 3\}$$
$$\chi_A(1) = 1, \chi_A(2) = 1, \chi_A(3) = 1, \chi_A(4) = 0, \cdots$$

次に、クリスプ集合における集合同士の演算について説明する。集合演算でよく用いられるものに以下のような演算がある[*3]。ここでは、A, B を集合、U をこれらの全体集合、$\emptyset$ を空集合とする。

$$\begin{aligned}
A \bigcup B &= \{u \in A \text{ または } u \in B\} \quad \text{和集合} \\
A \bigcap B &= \{u \in A \text{ かつ } u \in B\} \quad \text{積集合（共通集合）} \\
A - B &= \{u \in A \text{ かつ } u \notin B\} \quad \text{差集合} \\
\neg A &= \{u \mid u \notin A, u \in U\} \quad \text{補集合}
\end{aligned}$$

これらを集合の定義関数で表すと、以下のように論理式で表現できる。

$$\begin{aligned}
\chi_{A \cup B}(u) &= \chi_A(u) \vee \chi_B(u) & \vee &: max \\
\chi_{A \cap B}(u) &= \chi_A(u) \wedge \chi_B(u) & \wedge &: min \\
\chi_{A-B}(u) &= \chi_A(u) \wedge (1 - \chi_B(u)) & & \\
\chi_{\neg A}(u) &= \neg \chi_A(u) = 1 - \chi_A(u) & \neg &: not
\end{aligned} \tag{2.3}$$

[*3] 一般に、差集合は $A \backslash B$ を用いるが、本書ではわかりやすい $A - B$ を使用した。また補集合は正しくは A^c または $\bar{A}$ を用いるが、本書ではわかりやすく表記するため論理記号の $\neg$ を用いた。

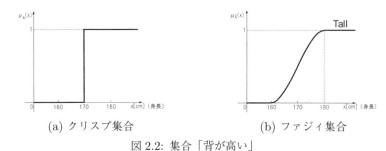

(a) クリスプ集合　　　　(b) ファジィ集合

図 2.2: 集合「背が高い」

また、集合論の基本定理として以下の性質も重要である。

$$\begin{aligned} \neg\neg A &= A & \text{(二重否定の原理)} \\ A \cup \neg A &= U & \text{(排中律)} \\ A \cap \neg A &= \emptyset & \text{(矛盾律)} \end{aligned} \tag{2.4}$$

　通常集合の復習はこのへんにして、次にファジィ集合について説明する。例えば、「背が高い」という集合を考えてみよう。背が高い人にとっては 180cm の人でもあまり高く感じないのに対して、背の低い人からは 170cm の人でも高いと感じるに違いない。このように人間の主観に基づく集合は曖昧でクリスプ集合のような明確な境界はないため、通常の集合論では定義できない。Zadeh は世の中に多く存在するこのような境界が曖昧で不明確な集合を敢えてファジィ集合として定義し、従来の集合論を拡張したファジィ集合論を提唱した。

　図 2.2 に「背が高い」という概念をクリスプ集合とファジィ集合で表現してみた。もちろん人によってもそれぞれ主観が異なるので、これは筆者の定義した集合と考えていただきたい。もしクリスプ集合 A で「背が高い」という概念を定義したとすると、169.5cm の人は「背が高くない（＝背が低い）」で、170.5cm の人は「背が高い」と判断され、この人は 1cm 身長が伸びただけで突然「背が高い」と判断されることになる。この定義は現実的には違和感を感じる。これに対して、ファジィ集合 $\tilde{A}$ で定義した場合、160cm あたりから徐々に「背が高い」という度合いが 0（所属しない）から増し、180cm では 1（所属する）になるため、現実的な感覚に近くなる。

　このように現実の世界では、クリスプ集合でうまく表現できないような概念が多々あり、そのような場合にはファジィ集合で表現すると人間には理解しやすくなる。ま

た、ファジィ集合にはそれを意味するような短い言葉（また記号）でラベルをつけてお互いに区別することが多く、これを**ファジィラベル**と呼ぶ。上記のファジィ集合「背が高い」の場合、例えば図中の Tall はファジィラベルである。

クリスプ集合の χ 関数に相当するファジィ集合の定義関数は、一般に**メンバーシップ関数**（membership function）で定義される。メンバーシップ関数とは、全空間の要素がファジィ集合に属する度合いを閉区間値 $[0,1]$ で与えるものである。この度合いのことを**グレード**（grade）[*4]と呼ぶ。グレード値は 1 に近いほど要素が対象となるファジィ集合に属する度合いが高く、0 に近いほど低いことを示す。メンバーシップ関数は一般に以下の μ で表記されることが多い。

$$\mu_{\tilde{A}}(u) : U \to [0,1] \tag{2.5}$$

ここで、$\mu_{\tilde{A}}(u)$ は全体集合 U における要素 u のファジィ集合 $\tilde{A}$ のグレードを表す。

例えば、図 2.2(b) の「背が高い」(Tall) を表したようなグラフがメンバーシップ関数 $\mu_{\tilde{A}}(x)$ で、ファジィ集合を表現する上でよく用いられる。メンバーシップ関数は、Λ 型（三角型）、Π 型（台形型）、単集合型（シングルトン）、シグモイド型（波形）、ガウス型（釣鐘形）など様々な形状で表現されるが、計算を簡単にするため一般的には三角型や台形型などの直線形状で表されることが比較的多い。

クリスプ集合の場合は図 2.3(a) のようないわゆるベン図を用いると視覚的にわかりやすく表現できる。しかしながら、ファジィ集合の場合はベン図のような表現がで

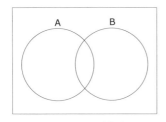
(a) クリスプ集合

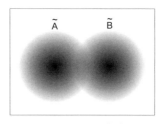
(b) ファジィ集合

図 2.3: クリスプ集合とファジィ集合の違い

[*4] グレードは日本語では帰属度、所属度、適合度など様々な呼び方がある。

きない。図中で A, B はクリスプ集合で $\tilde{A}, \tilde{B}$ はファジィ集合を表わしている。境界があいまいなファジィ集合を敢えてベン図のような表記で描くとしたら、図 2.3(b) のように、集合の中心にいくほど濃くなり、中心から離れるほど薄くなるようなグラデーションで、色の濃さが所属度を表すと考えることもできる[*5]。

メンバーシップ関数によるファジィ集合の表記法には、全体集合 U が有限集合（離散値）と無限集合（連続値）の場合があり、それぞれ以下のように表現される[*6]。

1) 全体集合が有限集合（離散値）$U = \{x_1, x_2, x_3, \ldots, x_n\}$ のとき

$$\begin{aligned}\tilde{A} &= \mu_{\tilde{A}(x_1)}/x_1 + \mu_{\tilde{A}(x_2)}/x_2 + \mu_{\tilde{A}(x_3)}/x_3 + \cdots + \mu_{\tilde{A}(x_n)}/x_n \\ &= \sum_{i=1}^{n} \mu_{\tilde{A}(x_i)}/x_i \\ &= [\mu_{\tilde{A}(x_1)} \ \mu_{\tilde{A}(x_2)} \ \mu_{\tilde{A}(x_3)} \ \cdots \ \mu_{\tilde{A}(x_n)}]\end{aligned} \quad (2.6)$$

2) 全体集合が無限集合（連続値）$U = [x_1, x_n]$ のとき

$$\tilde{A} = \int_U \mu_{\tilde{A}(x)}/x \quad (2.7)$$

一例として、1 から 10 までの自然数を全体集合とした時の大きい数 "Big" を表現してみよう。上記の離散および連続における表記法で "Big" を表すと、これらのメンバーシップ関数は以下の図 2.4 のようになる。

次に、ファジィ集合同士の演算について述べる。ここではメンバーシップ関数と比較するためクリスプ集合も定義関数で表現する。集合演算には様々なものがあるが、以下では特にクリスプ集合とファジィ集合で特徴的に異なる演算について説明する。

まず集合の要素が別の集合に「含まれる」かどうかを表す包含関係は、クリスプ集合では図 2.5(a) における集合 A に対する集合 B のように要素を示す x 軸の区間が含まれていれば包含関係が成立する。一方、ファジィ集合では要素の区間が含まれているだけでは包含関係が成立するとは限らない。同図 (b) のように集合 $\tilde{B}$ のグレード値が集合 $\tilde{A}$ より常に低くなる場合には包含関係が成立するが、集合 $\tilde{B}$ が少しでも左

[*5] 大学の数学ではあまりベン図は用いないが、ここでのファジィ集合の表記はあくまでも直観的に理解してもらうために示したイメージ図なので、一般的に通用するものではないので注意されたい。
[*6] これらの表記には数学の四則演算や総和や積分記号が用いられているが、実際に表記どおりに計算するわけではなく、あくまでも形式的に記号として用いているだけであることに注意されたい。

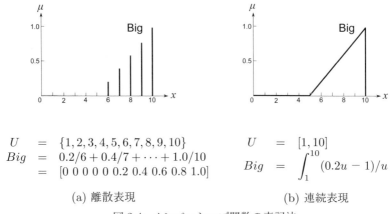

(a) 離散表現　　　　　　　　　(b) 連続表現

図 2.4: メンバーシップ関数の表記法

右にずれてグレード値が一部でも集合 $\tilde{A}$ の値を上回れば包含関係が成立しないのでクリスプ集合よりも厳しい条件となる。

積集合（共通集合）$A \cap B$ は、クリスプ集合の場合には要素の区間の共通部分で図 2.6 の濃いグレーの矩形領域となるが、ファジィ集合の場合には三角型の領域となり、形状が異なる。和集合 $A \cup B$ はそれぞれの図の定義関数の一番外側（外周）となるが、同様に形状が異なる。また、集合 A の補集合 $\neg A$ は、図 2.7 では薄いグレーの部分を示すが、クリスプ集合とファジィ集合で形状が異なることに注意してほしい。

クリスプ集合とファジィ集合の両者において最も顕著な違いは、排中律と矛盾律と言える。クリスプ集合の場合には式 (2.4) における定理が成立したが、ファジィ集合の場合には二重否定の原理は同様に成立するが、排中律と矛盾律については以下のように成立しない。

$$\begin{aligned}
\neg\neg\tilde{A} &= \tilde{A} \quad &\text{(二重否定の原理：成立)} \\
\tilde{A} \cup \neg\tilde{A} &\neq U \quad &\text{(排中律：成立しない)} \\
\tilde{A} \cap \neg\tilde{A} &\neq \emptyset \quad &\text{(矛盾律：成立しない)}
\end{aligned} \quad (2.8)$$

要するに、補集合との和集合をとっても全体集合にはならない、補集合との共通部分が存在する、ということを意味しており、従来の集合論では説明ができない現象が起こる。このことは、答えが Yes か No かがはっきりと決まらない場合をも許容する

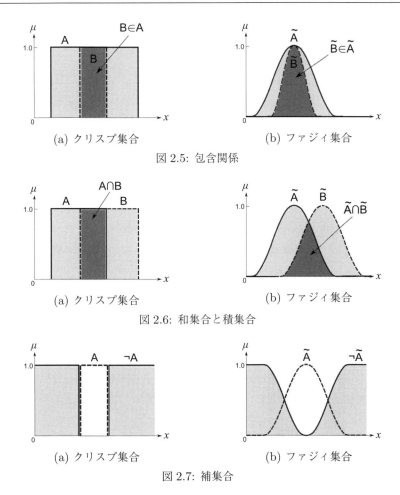

図 2.5: 包含関係

図 2.6: 和集合と積集合

図 2.7: 補集合

ことを意味する。これがファジィ集合がもつ特徴的な性質の一つとなっている。

　以上のように、クリスプ集合とファジィ集合とは決定的に異なる性質をもっているため、従来の集合論をそのまま適用することはできない。そのため、Zadehは新たな集合論の枠組みを構築し、ファジィ集合論を完成させたのである。

2.1.2 ファジィ関係

前節では、ファジィ集合を従来のクリスプ集合と比較して解説したが、ここではさらに集合と集合の「関係」(relation) について両者を比較しながら説明する。一般の数学における関係では「x と y は等しい」といった明確な関係しか表現できないが、**ファジィ関係**（fuzzy relation）を用いると「x と y はほぼ等しい」といったあいまいな関係を扱うことができる。主に本節では二項関係を扱うが、厳密に言うと集合 A と集合 B との間の二項関係とは、直積集合 $A \times B$ の部分集合である。もちろん n-項関係も同様に考えることができるが、ここでは二項関係の言及にとどめる。

まず、数学における通常の関係（ここではクリスプ関係と呼ぶ）を復習しておく。X を要素 x の集合、Y を要素 y の集合とすると、クリスプ関係 R は直積 $X \times Y$ 上のクリスプ集合となり、以下のように表される。

$$
\begin{aligned}
&R \subset X \times Y \\
&f_R : X \times Y \to \{0, 1\}
\end{aligned}
\tag{2.9}
$$

ここで、f_R は x と y の間に関係が成立すれば 1、成立しなければ 0 の値を持つ二項関係を表す定義関数である。

次に、ファジィ関係を考えてみよう。クリスプ関係と同様に、集合 X と集合 Y のファジィ関係 $\tilde{R}$ は直積 $X \times Y$ 上のファジィ集合となり、以下のように表現される。

$$
\begin{aligned}
&\tilde{R} \subset X \times Y \\
&\mu_{\tilde{R}} : X \times Y \to [0, 1]
\end{aligned}
\tag{2.10}
$$

ここで、$\mu_{\tilde{R}}$ は x と y の関係の成立度合を [0,1] 区間内の数値で表現した値をもつメンバーシップ関数である。

例えば、1 から 10 までの 2 つの自然数 x, y において「等しい」という関係を考えてみよう。表 2.1 において、クリスプ関係 R の場合は「x と y は等しい」という関係を、ファジィ関係 $\tilde{R}$ の場合は「x と y はほぼ等しい」という関係を表している。クリスプ関係では両方の値が完全に一致したときにしか 1（成立）にならないが、ファジィ関係では完全に一致しなくてもその周辺の近い値で関係が少し成立する。これは、言語で表現すると「7 と 8 はほぼ等しい」や「7 と 9 はやや等しい」などのあい

表 2.1: 「等しい」という関係（例）

(a) クリスプ関係 R

X	1	2	3	4	5	6	7	8	9	10
1	1	0	0	0	0	0	0	0	0	0
2	0	1	0	0	0	0	0	0	0	0
3	0	0	1	0	0	0	0	0	0	0
4	0	0	0	1	0	0	0	0	0	0
5	0	0	0	0	1	0	0	0	0	0
6	0	0	0	0	0	1	0	0	0	0
7	0	0	0	0	0	0	1	0	0	0
8	0	0	0	0	0	0	0	1	0	0
9	0	0	0	0	0	0	0	0	1	0
10	0	0	0	0	0	0	0	0	0	1

(b) ファジィ関係 $\tilde{R}$

X	1	2	3	4	5	6	7	8	9	10
1	1	0.1	0	0	0	0	0	0	0	0
2	0.1	1	0.2	0	0	0	0	0	0	0
3	0	0.2	1	0.3	0	0	0	0	0	0
4	0	0	0.3	1	0.4	0	0	0	0	0
5	0	0	0	0.4	1	0.5	0	0	0	0
6	0	0	0	0	0.5	1	0.6	0.2	0	0
7	0	0	0	0	0.1	0.6	1	0.7	0.3	0
8	0	0	0	0	0	0.2	0.7	1	0.8	0.4
9	0	0	0	0	0	0	0.3	0.8	1	0.9
10	0	0	0	0	0	0	0	0.4	0.9	1

まいな関係も記述できることを意味する。これにより従来の関係では表現できなかったことが表せるようになり、表現の幅が広がったことがわかる。

集合 X, Y のファジィ関係 $\tilde{R}$ の一般表現は以下のようになる。式 (2.7) のファジィ集合のメンバーシップ関数の表記をファジィ関係に置き換えたものである。

$$\tilde{R} = \int_{X \times Y} \mu_{\tilde{R}(x,y)}/(x,y) \tag{2.11}$$

ここで、$\mu_{\tilde{R}}$ はファジィ関係 $\tilde{R}$ のメンバーシップ関数を示す。また、ファジィ関係の表記をわかりやすくするため、行列形式で表す方法もある。集合 Y, Z が有限集合のとき、ファジィ関係は行列表現をすることができ、これを**ファジィ行列**と呼ぶ。例えば、整数の集合を $Y = \{1, 2, 3\}$, $Z = \{1, 2, 3, 4\}$ とすると、$Y \times Z$ 上の「z は y よりかなり大きい」というファジィ関係 $\tilde{S}$ は以下のように表せる。

$$\tilde{S} = \begin{bmatrix} 0 & 0.2 & 0.6 & 1 \\ 0 & 0 & 0.2 & 0.6 \\ 0 & 0 & 0 & 0.2 \end{bmatrix} \tag{2.12}$$

ファジィ関係の演算には様々なものがある。表 2.2 にファジィ理論でよく用いられる関係演算をまとめておく。実際に演算をしてみるとわかるが、これらの演算を行った後の結果の集合は以下のような関係になっている。

積演算：論理積 ⊃ 代数積 ⊃ 限界積 ⊃ 激烈積

和演算：論理和 ⊂ 代数和 ⊂ 限界和 ⊂ 激烈和

例えば、積演算の場合、最も緩い（絞り込まれない）演算が論理積で、最も厳しい（絞り込まれる）演算が激烈積となり、和演算の場合にはその逆になるという性質がある。

表2.2: ファジィ関係の各種演算

関係演算	演算子	演算式
論理積	$R \cap S$	$\mu_{R \cap S}(x,y) = \min(\mu_R(x,y), \mu_S(x,y))$
論理和	$R \cup S$	$\mu_{R \cup S}(x,y) = \max(\mu_R(x,y), \mu_S(x,y))$
代数積	$R \bullet S$	$\mu_{R \bullet S}(x,y) = \mu_R(x,y)\mu_S(x,y)$
代数和	$R + S$	$\mu_{R+S}(x,y) = \mu_R(x,y) + \mu_S(x,y) - \mu_R(x,y)\mu_S(x,y)$
限界積	$R \odot S$	$\mu_{R \odot S}(x,y) = \max(0, \mu_R(x,y) + \mu_S(x,y) - 1)$
限界和	$R \oplus S$	$\mu_{R \oplus S}(x,y) = \min(1, \mu_R(x,y) + \mu_S(x,y))$
激烈積	$R \wedge S$	$\mu_{R \wedge S}(x,y) = \begin{cases} \mu_R(x,y) & (\mu_S(x,y) = 1) \\ \mu_S(x,y) & (\mu_R(x,y) = 1) \\ 0 & (otherwise) \end{cases}$
激烈和	$R \vee S$	$\mu_{R \vee S}(x,y) = \begin{cases} \mu_R(x,y) & (\mu_S(x,y) = 0) \\ \mu_S(x,y) & (\mu_R(x,y) = 0) \\ 1 & (otherwise) \end{cases}$

さらに、ファジィ関係同士の合成演算も定義できる。例えば、$\tilde{R} \subset X \times Y$, $\tilde{S} \subset Y \times Z$ の2つのファジィ関係を **max-min 合成** と呼ばれる演算で合成すると合成関係 $\tilde{R} \circ \tilde{S}$ は次式で求められる。max-min 合成は推論でも最もよく用いられる演算である。

$$\begin{aligned}\mu_{\tilde{R} \circ \tilde{S}}(x,z) &= \max_y \min(\mu_{\tilde{R}}(x,y), \mu_{\tilde{S}}(y,z)) \\ &= \vee_{y \in Y}(\mu_{\tilde{R}}(x,y) \wedge \mu_{\tilde{S}}(y,z))\end{aligned} \quad (2.13)$$

ファジィ関係 $\tilde{R} \subset X \times Y$ とファジィ集合 $\tilde{P} \subset X$ の合成関係 $\tilde{R} \circ \tilde{P}$ も同様に max-min 合成演算で次式のように求められる。この演算は、ファジィ関係 $\tilde{R}$ をファジィルール、ファジィ集合 $\tilde{P}$ をファジィ入力と考えると、後述のファジィ推論と同等の演算をしていることに相当する。

$$\begin{aligned}\mu_{\tilde{R} \circ \tilde{P}}(y) &= \max_y \min(\mu_{\tilde{R}}(x,y), \mu_{\tilde{P}}(x)) \\ &= \vee_{y \in Y}(\mu_{\tilde{R}}(x,y) \wedge \mu_{\tilde{P}}(x))\end{aligned} \quad (2.14)$$

2.1.3 ファジィ命題

論理学において真（true）または偽（false）のいずれかが決まる言明を命題と呼ぶ。例えば、「Aさんの身長は180cmである」や「今日の降水確率は20%以下である」などは必ず成立するか、成立しないかのいずれかであるため命題であると言える。これに対して、「Aさんは背が高い」や「今日の天気は晴れである」は主観が入っており、真偽が明確に決まらないため命題とは言えない。そのため、従来の数学における論理では取り扱うことができなかったが、このようなあいまいな言明は**ファジィ命題**（fuzzy proposition）として拡張することにより取り扱うことができる。ファジィ命題とは、一般に以下の形式で与えられるあいまいな述語を含む命題のことである。

$$x \text{ is } \tilde{A} \tag{2.15}$$

ここで、x はある対象の名称で、$\tilde{A}$ は**ファジィ述語**（fuzzy predicate）で、ファジィ変数（fuzzy variable）または言語変数（linguistic variable）とも呼ばれ、ファジィ集合で表される。また、ファジィ命題の真理値もファジィ集合で与えられる。

一例として、「背が高い」を式 (2.15) のファジィ命題で表したとすると、x は身長、$\tilde{A}$ は「高い」を示すファジィ集合となる。このとき、例えば「身長が非常に高い」といった命題を扱うために以下のような**修飾作用素**（modifier）m を用いるとより幅広

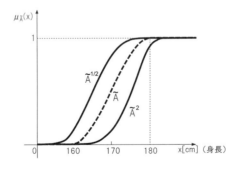

図 2.8: ファジィ修飾命題のメンバーシップ関数

い表現が可能となる。

$$x \text{ is } m\tilde{A} \tag{2.16}$$

ここで、修飾作用素（modifier）m に例えば very（とても、非常に）、more or less（やや、多少）、not（〜でない）などを用いると以下のような修飾演算を行うことができ、図 2.2(b) のメンバーシップ関数は図 2.8 のように変化する。

$$\text{very } \tilde{A} = \tilde{A}^2$$
$$\text{more or less } \tilde{A} = \tilde{A}^{1/2}$$
$$\text{not } \tilde{A} = 1 - \tilde{A}$$

2.1.4 ファジィ論理

　数学における命題論理（propositional logic）では、前節の命題を 1 つの記号に置き換えて単純化し、論理演算を用いて、その命題間で様々な演算を行った命題の真偽を判定する。命題論理は述語論理とともにブール代数（boolean algebra）により体系化されている。一般に通常の命題論理における論理変数は (0,1) のいずれかの値をとるため 2 値論理と呼ばれる。前述までのファジィ集合やファジィ関係などと同様に、**ファジィ論理**（fuzzy logic）では [0,1] の連続値（無限値）をとる。このため、ファジィ論理は多値論理の一種と考えられ、いくつかの演算が提案されている。

　ここでも、ファジィ論理の話をする前にまず 2 値論理の復習をしておく。2 値論理の命題では真理値は真 (true, 1) か偽 (false, 0) のいずれかの値のみをとるが、命題 P の真理値は記号 $|P|$ で表される。複雑な命題については、それぞれを個々の命題に分解し、それぞれの真理値から全体の真理値が求められる。例えば、A, B を命題とした時の 2 値論理における代表的な論理演算には以下の論理積 (and)、論理和 (or)、否定 (not)、含意 (implication)[7]などがある。

$$\begin{array}{lll} \text{論理積} & : & |A \text{ and } B| = |A| \wedge |B| \\ \text{論理和} & : & |A \text{ or } B| = |A| \vee |B| \\ \text{否定} & : & |\text{not } A| = |\neg A| = 1 - |A| \\ \text{含意} & : & |A \to B| = (1 - |A|) \vee |B| \end{array} \tag{2.17}$$

---

[7] 任意の命題 A, B において、A が真であれば必ず B が真になる時、A は B を含意するという。

同様に、ファジィ論理演算には主に以下の式 (2.18) ようなものがある。これらの演算はもし x, y が $\{0, 1\}$ の2値のみをとるとした場合においても、2値論理の場合での演算と一致し、ファジィ論理は2値論理を拡張したものと考えることができる。中でも、推論で最も重要となる含意（$A \to B$：AならばBである）については、Zadehは無限値論理に基づく Lukasiewicz の含意公式を用いて限界和 $\oplus$ により以下のように定義している。

$$
\begin{aligned}
\text{論理積} &: |\tilde{A} \text{ and } \tilde{B}| = |\tilde{A}| \wedge |\tilde{B}| = \min(|\tilde{A}|, |\tilde{B}|) \\
\text{論理和} &: |\tilde{A} \text{ or } \tilde{B}| = |\tilde{A}| \vee |\tilde{B}| = \max(|\tilde{A}|, |\tilde{B}|) \\
\text{否定} &: |\text{not } \tilde{A}| = |\neg \tilde{A}| = 1 - |\tilde{A}| \\
\text{含意} &: |\tilde{A} \to \tilde{B}| = |\text{not } \tilde{A}| \oplus |\tilde{B}| = 1 \wedge (1 - |\tilde{A}| + |\tilde{B}|) \\
&= \min(1, (1 - |\tilde{A}| + |\tilde{B}|))
\end{aligned}
\tag{2.18}
$$

しかしながら、Zadeh が用いた含意公式では、演算によりあいまいさが増大し、ファジィ集合がクリスプ集合になった場合に不具合が生じることが知られている。そのため、現在広く用いられているファジィ制御における推論には、この限界和の代わりに Mamdani が提案した論理積 $\wedge$（直積）が広く利用されている。

2.1.5 ファジィ推論

ファジィ推論（fuzzy reasoning または fuzzy inference）とは、言葉がもつあいまいな意味を考慮しながら、我々が日常的に行なっている曖昧さを許容した近似的な推論を実現する方法である。Zadeh はこれを**近似推論**（approximate reasoning）と名づけた。ファジィ推論は1970年代から研究されており、ファジィ制御、ファジィエキスパートシステム、ファジィ診断などの分野で重要な役割を果たしてきている。

一般的に推論とは事物間の関係を表す知識を利用して、ある事実や知識から別の事実や知識を導き出すものである。推論における事物間の関係の知識としては、「もし〜ならば〜である (If〜Then〜)」のように書き表せる関係（一般にプロダクションルールと呼ばれる）で表現されることが多い。例えば、私たちは2つの事実「トマトが赤い」⇒「トマトは熟れている」の間に成り立つ関係として「もしトマトが赤いならば熟れている」という規則（知識）をもっている。このとき、もし「このトマトは赤い」という事実が与えられたとすると、この規則と事実を利用して「このトマトは

熟れている」という新しい事実（結論）が導き出される。この推論は以下のように表すことができる。

$$
\begin{array}{ll}
規則: & もしトマトが赤いならば熟れている \\
事実: & このトマトは赤い \\ \hline
結論: & \therefore このトマトは熟れている
\end{array}
\tag{2.19}
$$

これを命題の論理記号に置きかえて、「トマトが赤い」を A、「熟れている」を B とすると、「もしトマトが赤いならば熟れている」は「もし A ならば B である」と表すことができる。さらに「である」を省略して、「もし～ならば」を「→」で表すと「もし A ならば B である」は「$A \to B$」と表せる。そして上の推論は一般には以下のように書き表すことができる。

$$
\begin{array}{lcc}
規則: & A & \to & B \\
事実: & A & & \\ \hline
結論: & & & B
\end{array}
\tag{2.20}
$$

2値論理に基づく推論の場合、条件命題は一般的に「A ならば B」という**含意**（implication）で表現され、**modus ponens**（前件肯定）がよく用いられる。modus ponens は「A ならば B が真」であるとき、「A が真」ならば「B は真」であることを推論するものである。このとき、A、B は明確に定められた命題であり、2値論理であるのでどちらもクリスプ集合である。規則と事実のクリスプ集合 A は完全に一致しなければ推論できない。

これに対し、論理学ではある命題の対偶も真であることが知られているので、以下のような **modus tollens**（後件否定）を推論に用いることもできる。modus tollens は「A ならば B が真」であるとき、「$\neg B$ が真 $(=B$ が偽$)$」ならば「$\neg A$ が真 $(=A$ が偽$)$」であることを推論する。

$$
\begin{array}{lcc}
規則: & A & \to & B \\
事実: & \neg B & & \\ \hline
結論: & & & \neg A
\end{array}
\tag{2.21}
$$

一方、式 (2.19) のトマトの例をもう一度考えてみよう。「もしトマトが赤いならば熟れている」という規則を前提知識とすれば、「このトマトは非常に赤い」という事実を入力しても推論結果が出せない。なぜなら規則に書かれている前提知識の条件

- 24 -

部に示されているのはトマトが「赤い」であって、「非常に赤い」ではないからである。しかしながら、ファジィ論理における推論では、以下のように柔軟な推論が可能である。

$$
\begin{array}{ll}
\text{規則:} & \text{もしトマトが赤いならば熟れている} \\
\text{事実:} & \text{このトマトは非常に赤い} \\ \hline
\text{結論:} & \therefore \text{このトマトはとても熟れている}
\end{array}
\tag{2.22}
$$

ファジィ推論では2値論理の命題におけるクリスプ集合 A、B の代わりにファジィ集合 $\tilde{A}$、$\tilde{B}$ を IF-THEN 形式で記述されているファジィ命題として取り入れることで modus ponens を拡張して用いており、**一般化 modus ponens** と呼ばれる。一般には以下のように表される。このときの規則は一般に**ファジィルール**（fuzzy rule）と呼ばれる。

$$
\begin{array}{ll}
\text{規則:} & \text{IF } x \text{ is } \tilde{A} \text{ THEN } y \text{ is } \tilde{B} \\
\text{事実:} & x \text{ is } \tilde{A}' \\ \hline
\text{結論:} & y \text{ is } \tilde{B}'
\end{array}
\tag{2.23}
$$

このときの x, y は対象を示す変数、$\tilde{A}$, $\tilde{A}'$, $\tilde{B}$, $\tilde{B}'$ はファジィ集合であり、$\tilde{A}$ と $\tilde{A}'$、$\tilde{B}$ と $\tilde{B}'$ は必ずしも一致する必要はなく、近い集合を意味する。ファジィ推論では、これらのファジィ集合によるソフトマッチングから、前提条件が少しずれていてもあいまいではあるが極めて妥当な結論が導かれるという特徴がある。

ファジィ推論の演算を論理式で表現してみよう。まず、式 (2.23) のファジィ推論における規則（ファジィルール）をファジィ集合 $\tilde{A}$ とファジィ集合 $\tilde{B}$ のファジィ関係 $\tilde{R} : \tilde{A} \to \tilde{B}$ に変換する。このとき含意の解釈が前節のファジィ論理で述べたように Zadeh の近似推論 (Approximate Reasoning) と Mamdani のファジィ制御 (Fuzzy Control) によって異なるので以下にこれらの推論法におけるファジィ関係 $\tilde{R}$ を示す。

1) Zadeh の推論法

$$
\begin{aligned}
&\tilde{R} = \neg \tilde{A} \oplus \tilde{B} \quad [\text{Lukasiewicz の含意}] \\
&\mu_{\tilde{R}}(x, y) = 1 \wedge (1 - \mu_{\tilde{A}}(x) + \mu_{\tilde{B}}(y)) = \min(1,\ 1 - \mu_{\tilde{A}}(x) + \mu_{\tilde{B}}(y))
\end{aligned}
\tag{2.24}
$$

2) Mamdani の推論法

$$
\begin{aligned}
&\tilde{R} = \tilde{A} \times \tilde{B} \quad [\text{直積}] \\
&\mu_{\tilde{R}}(x, y) = \mu_{\tilde{A}}(x) \wedge \mu_{\tilde{B}}(y) = \min(\mu_{\tilde{A}}(x),\ \mu_{\tilde{B}}(y))
\end{aligned}
\tag{2.25}
$$

次に、式 (2.23) の事実 $\tilde{A}'$ と上記でファジィルールを変換したファジィ関係 $\tilde{R}$ との合成 ∘ により推論結果（結論）を求める。合成にも様々な方法があるが、ここでは代表的な max-min 合成、max-●(代数積) 合成のみを示しておく。

$$\tilde{B}' = \tilde{A}' \circ (\tilde{A} \to \tilde{B}) = \tilde{A}' \circ \tilde{R}$$

$$\text{合成} \circ \begin{cases} 1) & \max - \min \text{ 合成} \\ & \mu_{\tilde{B}'}(y) = \max_x \min(\mu_{\tilde{A}'}(x), \mu_{\tilde{R}}(x,y)) \\ 2) & \max - \bullet \text{ 合成} \\ & \mu_{\tilde{B}'}(y) = \max_x (\mu_{\tilde{A}'}(x) \mu_{\tilde{R}}(x,y)) \end{cases} \quad (2.26)$$

2.2 ファジィ推論の制御応用

ファジィ制御（Fuzzy Control）は制御対象のコントローラをファジィルールで記述し、ファジィ推論を用いた出力結果により制御を行う手法である。ファジィ制御は人間の経験に基づいた知識を記述しやすい特徴があり、ロンドン大学 Mamdani 教授が学生実験にてスチームエンジンの制御を行ったのが最初と言われている [4]。一般に自動化が困難であった系において、オペレータが行っていた制御動作を、ファジィ制御により経験則を記述することによりシステム上に実現することが可能である。

ファジィ制御 [5] の最初の実用例は、1980 年にデンマークの世界最大のセメント会社 Smith 社が行ったセメントキルンの制御で、その後実用化が始まるようになった。日本では、地下鉄の自動運転システム（日立製作所）、浄水場での薬品注入制御（富士電機）、エレベータの群管理システム（三菱電機）などが有名で、その後、家電製品にファジィ制御を取り入れた商品が立て続けに開発されてブームになり、一気にファジィ技術応用が加速するようになった。制御分野以外でも、証券投資エキスパートシステム（山一証券）、バスダイヤ編成エキスパートシステム（東芝、他）など広範な分野に応用され、現在では図 2.9 に示すよう幅広い分野で応用されている。

ファジィ推論は曖昧表現を可能とする知識情報処理手法としてエキスパートシステム構築には強力なツールとなる。しかしファジィ推論自体は学習能力をもたないため未知の環境下での適応機能がなく、複雑な環境下になるとルールのチューニングが非常に困難になり設計者の負担が大きくなる。そのため、後述するニューラルネットワークや GA などの学習手法を組み合わせることにより改良を行ったハイブリッド手法なども多くあり、他の知的制御との組み合わせが容易であるという特長もある。

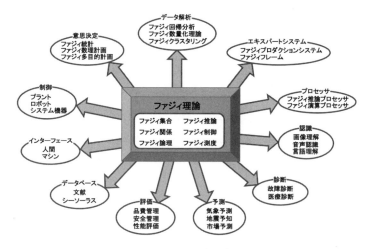

図 2.9: ファジィ理論の応用分野

2.2.1 ファジィ制御

　ファジィ制御は、一般に自動化が困難であった系においてオペレータが行っていた制御動作をその経験則を記述することにより機械上に実現しようとするものである。以下では、ファジィ制御の発端となった Mamdani によるスチームエンジンの制御の例を紹介する。オペレータの制御規則のうちファジィルールの一例を以下に示す。

$$\text{IF } e \text{ is About Zero [ZO] and } \Delta e \text{ is Negative Big [NB]} \\ \text{THEN } \Delta u \text{ is Positive Big [PB].} \tag{2.27}$$

ここで、Positive Big、Negative Big 等はファジィ集合で表現され、PB、NB などはファジィラベルと呼ばれる。e、Δe、Δu は、それぞれ制御対象をファジィコントローラでフィードバック制御している系の制御偏差（目標値-現在値）、制御偏差の変化量、操作量（コントローラ出力）の変化量を示している。

　次に、ファジィ制御ルールの例を以下に示す。表 2.3 は複数のファジィルールを見やすく一覧にしたもので、**ファジィルールマップ**と呼ばれる。表の右側にはファジィルールで使用したファジィラベルの説明を、図 2.10 にはこれらのファジィラベルに

相当するメンバーシップ関数を示した。図の横軸のスケール（数値）は問題依存のため省略したが、集合の順序関係はこれで把握できる。一般に三角型のメンバーシップ関数は演算が容易なため最もよく用いられるが、この図のように各メンバーシップ関数は各々半分ずつ隣の関数と重なるように配置するのが一般的である。

表 2.3: ファジィ制御ルール（例）

e \ Δe	NB	NM	NS	ZO	PS	PM	PB
NB				PB			
NM				PM			
NS				PS			
ZO	PB	PM	PS	ZO	NS	NM	NB
PS				NS			
PM				NM			
PB				NB			

ファジィラベル

NB : Negative Big
NM : Negative Medium
NS : Negative Small
ZO : About Zero
PS : Positive Smal
PM : Positive Medium
PB : Positive Big

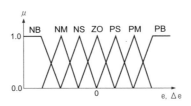

図 2.10: メンバーシップ関数（例）

ファジィ推論では各ルールの適合度は、[0,1] により定義されるメンバーシップ関数により求めることができ、各ルールの適合度を統合することにより最終的な推論結果を得る。しかし推論の結果は、複雑なファジィ集合の合成メンバーシップ関数として得られるため、ファジィ推論を制御に適用しようとした場合、推論されたファジィ集合から一つのクリスプ値を決定する必要がある。この出力を一点化する操作を**非ファジィ化**（defuzzification）と呼び、ファジィ制御における独特の処理である。非ファジィ化とはファジィ集合から実数値を導くことで、代表的な手法に重心法、最大値法、面積法などがある。

以下では、ファジィ制御の中でも最もよく利用されている min-max-重心法と簡略化ファジィ推論法 (代数積-加算-重心法) について説明する。

2.2.2 min-max-重心法

min-max-重心法を次のような2入力1出力のIF-THEN規則（ファジィルール）を用いて説明する。実際のファジィルールは複数のルール出力を合成して結果が得られるが、ここでは説明を簡単にするため、最小限の2つのルールのみで説明を行う。

$$R_1 : \text{IF } x \text{ is } \tilde{A}_1 \text{ and } y \text{ is } \tilde{B}_1 \text{ THEN } z \text{ is } \tilde{C}_1$$
$$R_2 : \text{IF } x \text{ is } \tilde{A}_2 \text{ and } y \text{ is } \tilde{B}_2 \text{ THEN } z \text{ is } \tilde{C}_2$$

ここで $\tilde{A}_1, \tilde{A}_2, \tilde{B}_1, \tilde{B}_2, \tilde{C}_1, \tilde{C}_2$ はそれぞれファジィ集合である。いま、前件部変数 (x, y) に対する入力値が (x_0, y_0) という確定値（事実）であると仮定する[*8]。この入力に対する min-max-重心法の推論プロセスの概略図を図 2.11 に示す。

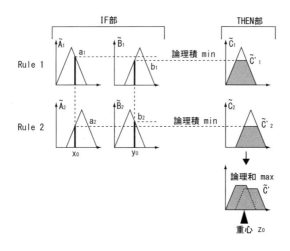

図 2.11: ファジィ推論（min-max-重心法）

[*8] クリスプ値をファジィ集合に入力したときのグレード値は入力値がメンバーシップ関数と交差する交点とする。ちなみに、入力がファジィ数の場合はメンバーシップ関数同士の min 演算を行い、得られた集合の最大値を用いるのが一般的である。

まず最初にクリスプ入力 (x_0, y_0) に対する各規則の適合度を次のように求める。

$$R_1: w_1 = \mu_{\tilde{A}_1}(x_0) \wedge \mu_{\tilde{B}_1}(y_0) \tag{2.28}$$

$$R_2: w_2 = \mu_{\tilde{A}_2}(x_0) \wedge \mu_{\tilde{B}_2}(y_0) \tag{2.29}$$

R_1 と R_2 の規則では、前件部変数として x と y の2つが存在するので、x_0 と y_0 の入力値に対して2つのメンバーシップ値が求められる。そのメンバーシップ値から $\wedge$(min) 演算を行うことで各規則の適合度を求めることができる。

次に求めた各ルールの適合度を後件部のファジィ集合に反映させて、個々の規則の推論結果を計算する。

$$R_1: \mu_{\tilde{C}'_1}(z) = w_1 \wedge \mu_{\tilde{C}_1}(z) \quad \forall z \in Z \tag{2.30}$$

$$R_2: \mu_{\tilde{C}'_2}(z) = w_2 \wedge \mu_{\tilde{C}_2}(z) \quad \forall z \in Z \tag{2.31}$$

最後に個々の規則の推論結果を $\vee$(max) 演算により統合して次のような最終結果を求める。

$$\mu_{\tilde{C}'}(z) = \mu_{\tilde{C}'_1}(z) \vee \mu_{\tilde{C}'_2}(z) \tag{2.32}$$

以上が推論のプロセスであるが、この推論結果はファジィ集合の合成メンバーシップ関数で得られており、制御などのように推論結果として確定値が必要である場合には都合が悪い。そこで、非ファジィ化という操作を用いてファジィ集合からクリスプ値（確定値）を求める。非ファジィ化によって得られる確定値を z_0 とすると、上式から得られた $\mu_{\tilde{C}'}(z)$ より以下の式によって求められる。

$$z_0 = \frac{\int \mu_{\tilde{C}'}(z) z dz}{\int \mu_{\tilde{C}'}(z) dz} \tag{2.33}$$

2.2.3 簡略化ファジィ推論法

簡略化ファジィ推論法 [6, 7] は、ファジィ推論の中で最も演算時間のかかる前述の式 (2.33) の重心演算を高速化するために考案されたもので、ファジィ推論ルールの後件部をファジィ集合 $\tilde{C}_1, \tilde{C}_2$ ではなく実数値（**シングルトン**と呼ばれる）z_1, z_2 とするものである。簡略化ファジィ推論法の推論プロセスを図 2.12 に示す。

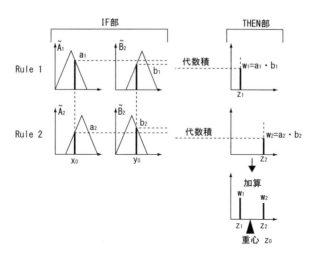

図 2.12: ファジィ推論（簡略化ファジィ推論法）

簡略化ファジィ推論では、以下に示した規則のように後件部のファジィ集合がシングルトンと呼ばれる実数値のみで表現されており、そのために式 (2.33) の重心演算が極端に簡素化され、推論が高速になる。しかしながら、推論結果はほとんどファジィ集合を用いた場合と変わらないため、実用的なシステム制御では非常によく用いられている推論方法である。

$$R_1 : \text{IF } x \text{ is } \tilde{A}_1 \text{ and } y \text{ is } \tilde{B}_1 \text{ THEN } z \text{ is } z_1$$
$$R_2 : \text{IF } x \text{ is } \tilde{A}_2 \text{ and } y \text{ is } \tilde{B}_2 \text{ THEN } z \text{ is } z_2$$

水本 [8] により提案された代数積-加算-重心法は、論理和の際に重なったデータを配慮して重みづけできるため、一般に min-max-重心法よりも正しい推論結果が得られると言われている。簡略化ファジィ推論法は、この代数積-加算-重心法の特殊な場合とも考えられ、次式によって適合度が求められる。

$$R_1 : w_1 = \mu_{\tilde{A}_1}(x_0) \cdot \mu_{\tilde{B}_1}(y_0) = a_1 \cdot b_1 \tag{2.34}$$
$$R_2 : w_2 = \mu_{\tilde{A}_2}(x_0) \cdot \mu_{\tilde{B}_2}(y_0) = a_2 \cdot b_2 \tag{2.35}$$

また、この適合度 w_1, w_2 によって、最終的な推論結果 z_0 は次式のような簡単な式で

求められる。

$$z_0 = \frac{z_1 w_1 + z_2 w_2}{w_1 + w_2} \tag{2.36}$$

2.2.4 ファジィ制御ルール

min-max-重心合成法では前件部の入力値のグレードを min 演算し、各ルールの適合度を求め、これらを max 演算により統合する。そして、最終的な制御値を導出するために重心合成を行なう。前述までの推論法では、説明を簡単化するため最小限の 2 つのルールの例を示したが、入力変数を x, y、出力変数を z とすると、一般に 2 入力 1 出力のファジィ制御ルールは以下のようなルール群で記述される。ここで、A_i, B_i, C_i はファジィ変数であり、i はルール番号 $(i = 1, 2, ..., n)$ を示す。

$$R_1 : \text{IF } x \text{ is } \tilde{A}_1 \text{ and } y \text{ is } \tilde{B}_1 \text{ THEN } z \text{ is } \tilde{C}_1$$
$$\vdots$$
$$R_i : \text{IF } x \text{ is } \tilde{A}_i \text{ and } y \text{ is } \tilde{B}_i \text{ THEN } z \text{ is } \tilde{C}_i$$
$$\vdots$$
$$R_n : \text{IF } x \text{ is } \tilde{A}_n \text{ and } y \text{ is } \tilde{B}_n \text{ THEN } z \text{ is } \tilde{C}_n$$

例えば、入力データ (x_0, y_0) が入力されると、式 (2.37) により、前件部の各要素のグレード値が min 演算により統合され、i 番目のルールの適合度が導出される。

$$\mu_i = \mu_{\tilde{A}_i}(x_0) \wedge \mu_{\tilde{B}_i}(y_0) \tag{2.37}$$

そして、各ルールの適合度を求めた後に式 (2.38) の max 演算により統合し、式 (2.39) に示す重心合成法によって非ファジィ化を行ない、最終的な制御出力 z_0 が導出される。

$$\mu(z) = \mu_1 \vee \mu_2 \vee ... \vee \mu_i \vee ... \vee \mu_n \tag{2.38}$$

$$z_0 = \frac{\int \mu(z) \cdot z \, dz}{\int \mu(z) \, dz} \tag{2.39}$$

すでに述べたように、重心演算を簡単にするため後件部にシングルトン (実数値) を用いると、簡略化ファジィ推論法になる。尚、通常、ファジィルールの数は 2 入力系の場合でも、状態分割は少ない場合でも 3×3=9 状態、多い場合には 7×7=49 状態程度となり、さらに入力変数が増えると指数的にルール数が増加する。このような多くのルールを人間が記述するのは大変な負荷となるため、設計においては状態数をなるべく削減するよう注意する必要がある。

2.3 ファジィ理論の応用事例

ファジィ理論、特にファジィ制御は様々な分野において人間の制御方策や意思決定の知識表現に向いているだけではなく、メンバーシップ関数やルールはすべて主観で記述できるため、コツ・癖・ノウハウなどの特殊な個性を表現することも可能である。ファジィルールは一般に人間が行動する際の経験に基づいて作成されるため直感的にわかりやすく、ルールの可視性は極めて優れている。ここでは、筆者らが主に移動ロボットにおいてこれまでに取り扱った制御ルールを中心に実例を交えて紹介する。

2.3.1 ファジィ障害物回避制御

ファジィ制御のロボットへの応用事例として、移動ロボットのファジィ障害物回避制御の研究例について紹介する。人間は移動時に物体が近づいたとき潜在的に危険を察知する能力をもっており、大まかな状況判断を瞬時に行なって柔軟に回避動作をやってのける。このような人間の行動決定を模擬する目的で移動障害物が存在する環境中においても知的で効率的な判断が可能な障害物回避手法が提案されている [9]。

本方式の障害物回避アルゴリズムの模式図と概略フローを図 2.13 に示す。状態入力としてロボット、障害物、目標点の現在位置が与えられると仮定すると、これらを相対位置および相対速度に換算して、ロボット座標系から見た極座標表示に変換する。次に現在の周囲状況をファジィ推論により大まかに状況認識を行なう。即ち位置の極座標表示を用いて静的危険度 α、速度の極座標表示を用いて動的危険度 β を推定する。さらにこの α、β より回避ベクトルをディシジョンテーブル（プロダクションルール）により決定する。様々なシミュレーションを通して多くのケーススタディを

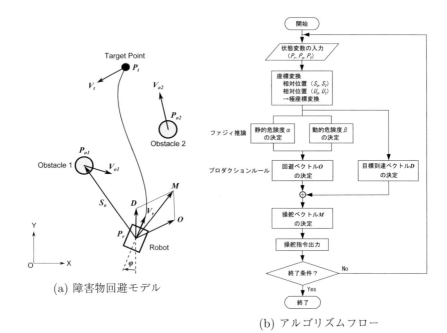

(a) 障害物回避モデル

(b) アルゴリズムフロー

図 2.13: ファジィ障害物回避アルゴリズム

行った結果、人間と同じような柔軟な回避行動が確認されたことが報告されている。

上記のファジィ障害物回避制御は、障害物を一度に 1 体しか認識できないため同時に複数の障害物とロボットが遭遇した場合には適応が困難であった。そこで、複数の障害物に重みづけをして回避行動を取ることができる手法を次に紹介する。

移動ロボットが障害物と他のロボットを回避しながら目標点に向かう状態モデルを図 2.14 に示す [10]。本モデルでは他の移動ロボットも障害物として回避するものとしている。ここでは、$\vec{P_r}, \vec{P_o}, \vec{P_t}$ は、ロボット、障害物、目標点の絶対位置ベクトル、$d_i(i=1,2,\cdots,n)$ はロボットから障害物までの距離、$\vec{O_i}(i=1,2,\cdots,n), \vec{D}, \vec{M}$ はそれぞれロボットの障害物回避ベクトル、目標到達ベクトル、操舵ベクトルを示す。

本方式で用いた障害物回避アルゴリズムにおいては、まずロボットの周囲をセンシングし、センサエリア内に障害物、または他のロボットが入るかどうかを調べ、入っていなければ目標到達ベクトル $\vec{D}$ を算出し、これに従って移動する。さらにファ

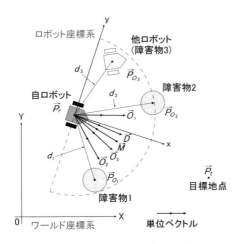

図 2.14: 移動ロボットの障害物回避モデル

ジィ推論により障害物回避ベクトル $\vec{O}$ を算出し、また同時に目標へ向かうベクトル $\vec{D}$ を合成し操舵ベクトル $\vec{M}$ を決定し、これに従って移動する。これらをロボットが目標エリアに達するまで繰り返す。

まずロボットの周囲をセンシングし、センサエリア内に入ったすべての障害物までの相対距離 $d_i(i=1,2,\cdots,n)$ および、ロボットから見たその障害物との相対角度 $\theta_i(i=1,2,\cdots,n)$ をそれぞれロボット座標系で求める。ここでのロボット座標系とはロボットを中心に設定した直行座標系(図 2.14 の x,y 座標系)を指す。次に得られた相対距離、相対角度からファジィ推論を用いて障害物回避角度 $\phi_i(i=1,2,\cdots,n)$ を求め、その角度よりロボット座標系における障害物回避ベクトル $\vec{O}_i$ を以下の式より求める。

$$\vec{O}_i = [\ \cos\phi_i \quad \sin\phi_i\ ]^T \tag{2.40}$$

$\vec{O}_i$ はセンサエリア内に入った i 番目の障害物に対する障害物回避ベクトルである。

同様にセンサエリア内に入った n 個の障害物に対して障害物回避ベクトル $\vec{O}_i(i=1,2,\cdots,n)$ を求める。また図 2.15 に本手法で用いた障害物回避のファジィルール(簡略化ファジィ推論法)を示す。本手法では複数の障害物に対し同時に回避行動を

とるので、ロボットと各障害物までの距離に応じた回避ベクトルを重みづけして単位ベクトルにし、1つの回避ベクトルに合成する方法をとる。以下に合成回避ベクトル $\vec{O}$ の計算式を示す。

$$L = \sum_{i=1}^{n} d_i \qquad \vec{O} = \frac{\sum_{i=1}^{n} \frac{L-d_i}{L} \vec{O}_i}{|\sum_{i=1}^{n} \frac{L-d_i}{L} \vec{O}_i|} \qquad (2.41)$$

ここで L はセンサエリア内に入ったすべての障害物とロボットの距離の総和である。また n はセンサエリア内に入った障害物の数を表す。式 (2.41) を用いることにより、近い障害物ほど回避行動を重視するようになる。

次に目標点に対してはロボットが目標方向を向くように以下に示す単位ベクトルを求め目標到達ベクトル $\vec{D}$ とする。

$$\vec{D} = \frac{\vec{P}_t - \vec{P}_r}{|\vec{P}_t - \vec{P}_r|} \qquad (2.42)$$

最終的な操舵ベクトル $\vec{M}$ を決める際、ここでは目標到達と障害物回避という相反する行動をとらばければならないため、目標到達ベクトル $\vec{D}$ と合成回避ベクトル $\vec{O}$ の重視度を考慮して操舵ベクトル $\vec{M}$ を決める必要がある。そこで式 (2.41),(2.42) より得られた各ベクトルを以下のように重みづけ合成し、単位ベクトルとして操舵ベクトル $\vec{M}$ を決定する。

$$\vec{M}_0 = \frac{S_r - d_{near}}{S_r - \delta} \vec{O} + \frac{d_{near} - \delta}{S_r - \delta} \vec{D} \qquad \vec{M} = \frac{\vec{M}_0}{|\vec{M}_0|} \qquad (2.43)$$

ここで d_{near} はロボットに最も近い障害物との距離であり、δ はロボットにおける障害物回避を優先させる絶対領域、S_r はロボットがセンシング可能な距離である。

以上のような式を用いることで、障害物がかなり近くまで接近した場合は合成回避ベクトル $\vec{O}$ を重視しながら移動方向を決定し、障害物までの距離が十分ある場合には目標点に向かうベクトル $\vec{D}$ を重視しながら移動方向を決定する行動をとる。最後に決定した操舵ベクトル $\vec{M}$ と速度 v （ファジィ推論の速度出力値）より以下の式でロボットを移動する。これらをロボットが目標エリアに到達するまで繰り返す。

$$\vec{P}_r(t+1) = \vec{P}_r(t) + v\vec{M} \qquad (2.44)$$

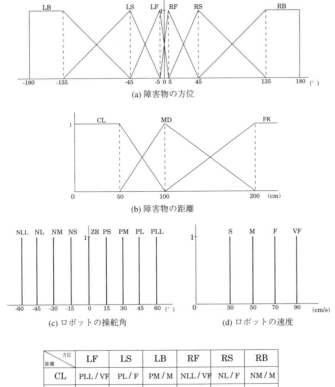

図 2.15: 障害物回避のファジィルール

2.3.2 階層型ファジィ行動制御

前述のように、複雑な動的環境においてロボットが衝突回避行動を決定するのは容易ではないが、ファジィ制御を用いて人間に近い柔軟な状況判断による回避行動をロボットに行なわせることもできる。サッカーロボットを例にとり、敵や味方のロボッ

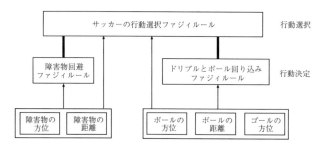

図 2.16: 階層型ファジィ行動制御

トなどに対して適切な行動をとるファジィ推論ルールについての一例を示す [11]。ここでは、ロボットの行動をいくつかのサブタスクに分け、個々の行動決定ファジィルールを作成し、それらのルールを重み付けする上位の行動選択ファジィルールにより統合する階層型ファジィ行動制御を用いる。本手法はロボカップ中型ロボットリーグのサッカーロボットに適用し、その有効性が実験により検証されている。

図 2.16 に示すように、ロボットに障害物回避やドリブルやボール回り込みといった異なる目的の行動を実現させる時、まずそれらのタスクを分割し、個々に行動決定ファジィルールを作成する。行動選択ファジィルールは行動決定ファジィルールの出力を重み付けする上位ルールであり、人間が予めどのような状況でどの下位の行動を重視するかという行動戦略を記述しておく。例えば、障害物が近づいてきたときには障害物回避行動を重視し、障害物が近くにあってもボールが近くにあればボールへの回り込みを優先して行なうといった行動戦略を持たせることも可能である。

一例として、サッカーロボットの階層型ファジィ行動制御におけるボール追跡ファジィルールを図 2.17 に示す。ここではセンサ情報として、ボールの相対距離・方位を用いており、状態分割は前方の視野を広く取り、ある程度ボールを正面に捕らえやすくしている。ファジィルールの前件部は、ボールの相対距離を 3 段階に、相対方位を 5 段階に分割し、後件部はロボットの操舵角と速度の指令値を示すシングルトンである。ファジィルールは、単純にボールがある方向に操舵を行ない、ボールを正面に捕らえるように記述されている。

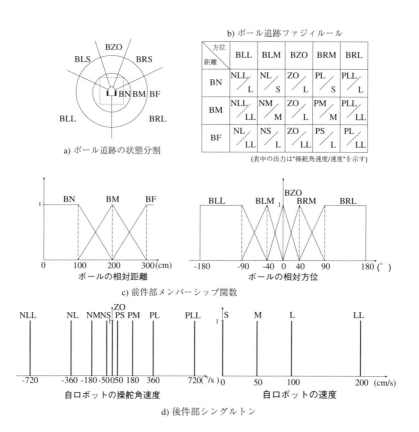

図 2.17: サッカーロボットにおけるボール追跡ファジィルール

演習問題 2

【2-1】ファジィ集合の関係演算

整数の集合を $X = \{1, 2, 3\}$, $Y = \{1, 2, 3\}$, $Z = \{1, 2, 3, 4\}$ とし、「z は y よりかなり大きい」という $Y \times Z$ 上の式 (2.12) のファジィ関係 $\tilde{S}$ を参考に、さらに $X \times Y$ 上のファジィ関係 $\tilde{R}$ 「y は x にほぼ等しい」を定義し、ファジィ関係の合成 $\tilde{R} \circ \tilde{S}$ 「z は x よりかなり大きい」をファジィ行列を用いて求めよ。また、求めたファジィ関係 $\tilde{R} \circ \tilde{S}$ が、元のファジィ関係 $\tilde{S}$ と比べてどのようになったかを調べよ。

【2-2】ファジィ関係の各種演算

三角型のメンバーシップ関数 μ_S をもつファジィ集合 $\tilde{S}$ と一定値 μ_R をもつクリスプ集合 R に対して、表 2.2 のファジィ関係の各種演算を実際に行なってみよ。その際、4 種類の積演算同士と和演算同士をそれぞれ比較し、演算結果がどのような集合の包含関係になっているかを調べよ。

【2-3】ファジィ制御ルールの作成

車間距離 D と車速 S を前件部、アクセル開度 A とブレーキ制動量 B を後件部の変数として前車との距離を一定に保ちながら追従するための自動車制御の簡略化ファジィ推論ルールを作成せよ。それぞれの変数には最低 3 段階以上のメンバーシップ関数を設定し、できる限り人間の運転操作を忠実に表現せよ。また、このファジィルールを用いて、ある瞬間の車間距離 D と車速 S を想定し、実際に簡略化ファジィ推論処理を min-加算-重心法による手計算で実行してアクセル開度 A とブレーキ制動量 B を求めよ。

第3章
学習理論

　そもそも物理的な世界では、一般にすべての事象が自然法則(因果関係)に従っている。例えば、物理学における力学、電磁気学などの諸法則などがその代表である。この因果関係に従った世界では、「原因」から「結果」が起こるのみである。しかしながら、情報(コンピュータ)の世界では、因果関係とは逆の過程をたどることが可能である。例えば、結果から原因を探る、目的から手段を選ぶ、などである。コンピュータは人間が作った人工の産物であるが、自然界で逆因果過程をたどれることができるのは生物の脳のみである。そのため、学習理論の目指すものは、逆因果過程のマシーンによる実現とも言うことができる。このような学習理論には、生物の情報処理機能を工学的にモデル化したアルゴリズムがよく用いられる。本章では、これらの中でも代表的な学習アルゴリズムとしてニューラルネットワークや強化学習を中心に説明する。

3.1　ニューラルネットワーク

　ニューラルネットワーク (neural network:以下 NN と略記) とは、脳神経における記憶・学習の仕組みを模倣した情報処理モデルである。人間の脳には約 140 億の情報処理を司る神経細胞があり、神経系での情報処理はニューロン (neuron) と呼ばれる神経細胞が行っている。1 個のニューロンの結合は 1 万程度である。ニューロン素子の働きはごく単純なものであるが、ニューロン同士は相互に連結され、巨大なネッ

トワークをつくることで、様々な知的活動を実現している。生体では、ニューロンは神経細胞、NN は脳を含む神経系のことを指す。一般に用いられている NN は、生物の神経細胞の仕組みから工学的に抽出された簡易的なモデルとしてのニューロンが結合されたネットワークのことを指す。生物学における神経回路と区別するため、**人工ニューラルネットワーク** (artificial neural network: ANN) とも呼ばれることもある。

ソフトコンピューティングの中でも NN 研究は古く、1943 年に McCulloch と Pitts らが考案した**ニューロンモデル**からはじまり、1957 年の Rosenblatt による**パーセプトロン**の研究により活発化した。しかし単純パーセプトロンは人工知能の父と呼ばれた Minsky により線形分離不可能なパターンを識別できないことが示されたため、1970 年代には NN が冬の時代を迎えることになった事実はあまりにも有名である。その後、1986 年に Rumelhart が**誤差逆伝播法** (バックプロパゲーション: BP 法) を考案したことにより非線形問題にも対応可能となり、再び NN 研究が加速するようになった。NN は、教師あり学習に用いられることが多く、一般に汎化能力を有する非線形関数近似器として、最適化、連想記憶などにも用いられている。

3.1.1 ニューロンとシナプス結合

図 3.1 は、ニューロン (neuron) と呼ばれる脳の神経細胞の構造モデルを示したものである。細胞体と呼ばれるニューロン本体の周囲には樹状突起と呼ばれるアンテナのような構造が無数に伸びており、ここに他の神経細胞から伸びてきた軸索と呼ばれ

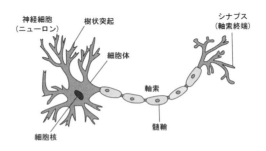

図 3.1: 脳の神経細胞モデル

るパイプのような髄鞘 (ずいしょう) の末端部分が接続して神経細胞のネットワークが形成されている。軸索の終端部は、接続先のニューロンの樹状突起もしくは細胞体に**シナプス** (synapse) を介して可塑結合している。

可塑結合とは、密着して結合しているわけではなく、結合間は隙間が空いているが、シナプスが隣り合うニューロンとの間で神経伝達物質をやり取りすることで、緩い結合をしている。これにより、ニューロンからニューロンに興奮が伝達される場合、繰り返しの刺激によりその伝達効率が高まっていったり弱まったりすることで記憶のダイナミクスが形成されている。ニューロン間の情報の伝達はこのシナプスを介して行われ、伝達方向は常に1方向である。

ニューロン内部の電位は膜電位と呼ばれ、樹状突起へ入ってくる入力信号によってこの膜電位が変化する。伝達物質には、膜電位を高める働きをするもの (興奮性) と、低める働きをするもの (抑制性) とがある。パルスが他のニューロンとの結合点のシナプスに達すると、軸索の末端から伝達物質が放出され、受け手のニューロンの樹状突起に作用して、そのニューロンの膜電位を変化させる。ニューロンの電位が次第に上がり一定の値（閾値）を超えると、インパルス信号を出力（発火）する。1つのニューロンを多入力1出力の素子でモデル化をすると、シナプスは結合荷重に、細胞体はユニットに対応している。結合荷重とは、結合の強さを表す量で、膜電位が入力の影響を受けて変化する大きさを示す。

3.1.2 ニューロンの演算

生体の神経細胞は非常に複雑で、さまざまな種類のものが存在するが、NN では工学的に簡素化するため単純で均一なニューロンを多数結合することで、全体として非線形関数を表現する。最初のニューロンモデルとして有名な McCulloch（マカロック）と Pitts（ピッツ）の**ニューロンモデル**（形式ニューロン）[12] を図3.2 に示す。

図3.2 に示すように、ある i 番目のニューロンの入力を受けて j 番目のニューロンから出力 y_j が計算されると仮定する。このときニューロンの内部状態 u_j は、入力信号 x_i $(i=1,..,n)$、結合の重み（結合荷重）w_{ij}、閾値（しきい値）θ_j および時定数

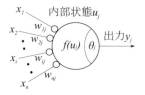

図 3.2: McCulloch-Pitts のニューロンモデル

τ_j を用いて、連続時間モデルでは式 (3.1) のように微分方程式の形で表される。

$$\tau_j \frac{du_j}{dt} = -u_j + \sum_i w_{ij} x_i - \theta_j \qquad (3.1)$$

一般には、これをさらに単純化して $\tau_j \to 0$ とし、現在の入力から出力が一意に決まるようにした式を用いることが多い。すなわち、入力信号 x_i を結合の重み w_{ij} によって重みづけしたものの総和を求め、閾値 θ_j を引いたものを内部状態 u_j とする。

$$u_j = \sum_i w_{ij} x_i - \theta_j \qquad (3.2)$$

さらに、その内部状態 u_j を非線形関数 f に通して出力 y_j を式 (3.3) で計算する。

$$y_j = f(u_j) \qquad (3.3)$$

ここで重み（結合荷重）w_{ij} は、ニューロンが他のニューロンから信号を受け取る際のシナプスにおける信号の伝達効率に相当し、興奮性のシナプス結合に対しては結合荷重は正となり、抑制性のシナプス結合に対しては結合荷重は負となる。また、閾値は、ニューロンに興奮性の信号が入って内部電位が高くなり、一定値（閾値）を越えると発火しパルスを出力することに相当する。

McCulloch と Pitts の形式ニューロンでは、非線形関数 $f(u)$ として式 (3.4) のようなステップ関数（step function）が用いられている。ステップ関数は図 3.3(a) のような形状で、内部状態 u が 0 以上であれば 1、0 より小さければ 0 を出力する。

$$f(u) = \begin{cases} 1 & (u \geq 0) \\ 0 & (u < 0) \end{cases} \qquad (3.4)$$

一般には、ニューロンの出力関数としては、連続で微分可能かつ非線形な単調増加関数である**シグモイド関数**（sigmoid function）が最もよく用いられる。シグモイ

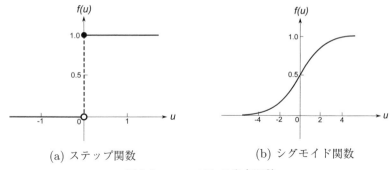

(a) ステップ関数　　(b) シグモイド関数

図 3.3: ニューロンの出力関数

関数では、連続値を扱えるとともに微分可能であることから、後述の誤差逆伝播法で主にこれが用いられる。シグモイド関数は以下の式で表され、式中の a はゲインで $a = 1$ の場合、標準シグモイド関数と呼ばれ、図 3.3(b) のような関数となる。

$$f(u) = \frac{1}{1 + e^{-au}} \tag{3.5}$$

この関数はステップ関数をより滑らかにしたもので、入力の絶対値が小さいときには線形性が強く、入力の絶対値が大きくなるとステップ関数の値に近くなる。この関数は、ニューロンの発火率を連続値で表現しているものと考えることができる。

3.1.3 ニューラルネットワークの構造による分類

複数のニューロンをネットワーク状に配置したものがニューラルネットワークであるが、構造上の特徴で分類すると大きく2つに分類できる。すなわち、**階層型 NN** と**相互結合型 NN** である。階層型 NN では後述の**誤差逆伝播法**（BP 法）が有名であるが、図 3.4 のようにデータが入力層から入り、中間層を介して外部へ信号が出力される出力層まで階層的に層が並ぶ。さらに、各ニューロンの結合関係に従い順次演算を行うことで入力信号から出力信号を計算する。図の階層型 NN は入力層、中間層（隠れ層）、出力層で構成される 3 層の場合で、4 層以上のネットワークでは、中間層が 2 つ以上存在し、入力層に近い中間層から出力層へ順番に信号が流れていく。近年では、階層型 NN の層数を増やして高度な識別が可能な**深層学習**（Deep Learning）

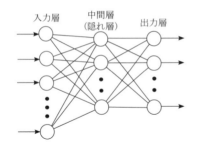
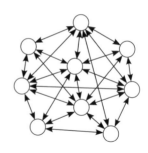

図 3.4: 階層型ニューラルネットワーク　図 3.5: 相互結合型ニューラルネットワーク

という手法がよく知られている。

　階層型 NN では、一般には隣り合う層間のニューロンのみ結合するが、入力層から出力層へのフィードフォワードや出力層から入力層へのフィードバックなどの層を超えた結合も可能である。ネット内の信号の流れに 1 つでもループが存在する場合は**再帰型ニューラルネットワーク（リカレントニューラルネットワーク：RNN）**となる。RNN は、前の時刻の出力を次の時刻の入力と合わせて学習に用いることで、時系列情報を考慮したネットワーク構造となっており、連続的に変化する動的な時系列データを学習できる。ループを有しない階層型ニューラルネットでは、入力から出力が一意に決まるため静的な入出力関係にしか対応できないため、動的に変化するデータを扱うことはできない。

　相互結合型 NN は図 3.5 のように情報の流れが双方向であり、データが行き来することにより最終的にある状態になるネットワークである。ネットワーク内の各ニューロンは、階層構造のような特殊な構造ではなく、お互い相互に結合している。生物の脳は階層型 NN ではなく、相互結合型 NN に近い構造をしている。相互結合型 NN では、ある初期状態から始まって、各ニューロンが相互に影響を与えながら、それぞれが状態変化を繰り返していくうちに、ある 1 つの安定状態になって変化をしなくなったり、周期的にいくつかの状態を定常的に繰り返すようになったときにネットワークでの情報処理が終了する。

　相互結合型 NN には、Hopfield が 1982 年に提唱した**ホップフィールドネットワーク（Hopfield Network）**[13] とその改良版として Hinton らが 1985 年に提案したボ

ルツマンマシン（Boltzmann machine）[14] が代表的である。ホップフィールドネットワークは、ニューロン間の結合をエネルギーに置き換えて考え、そのエネルギーを最小にするようにすることで解を求めることができるが、このモデルは BP 法と同様に最急降下法を用いているため、局所最小解に陥る危険がある。これに対し、ボルツマンマシンは、ホップフィールドネットワークの最急降下法のアルゴリズムに温度 T のゆらぎによる確率的要素を加えることで、局所解に陥りそうになったときに近くのさらにエネルギーの低い点へ進むことができる手法である。

階層型 NN は学習に適しており、画像や文字を認識するパターン認識や時系列解析、および特徴抽出に多く適用されている。相互結合型 NN は主に不完全なデータから完全なデータを見つけ出す連想記憶問題や数多くの組み合わせの中から条件にあった最適解を見つけ出す組み合わせ最適化問題によく用いられている。実際にはこれらの 2 タイプ以外にも中間的なネットワークが多数存在する。以降の節では、特に工学的応用が進んでいる階層型 NN に重点を置いて説明することとし、相互結合型 NN については紙面の都合上説明を割愛する。

3.1.4 パーセプトロン

階層型ニューラルネットとして、最初に提案されたものは**パーセプトロン** (Perceptron)[15] である。パーセプトロンは 1958 年に心理学者 Rosenblatt（ローゼンブラット）により発表されたパターン認識機械としてのニューラルネットの一種である。Rosenblatt は、前述の McCulloch と Pitts の形式ニューロンの考え方を基にしてパーセプトロンを考案した。以下では n 入力 1 出力の場合のパーセプトロンについて説明する。

パーセプトロンのモデルには色々な形態が知られているが、図 3.6 は入力層と出力層の 2 層からなる最もシンプルな**単純パーセプトロン**である。図 3.7 は S 層（感覚層、入力層）、A 層（連合層、中間層）、R 層（反応層、出力層）と呼ばれる 3 層からなる**多層パーセプトロン**である。こちらは S 層には外部から信号が与えられ、S 層と A 層の間はランダムに接続されており、重みは固定である。A 層は S 層からの情報を元に反応し、R 層は A 層の出力に重みづけをして、多数決により結果を出力する。

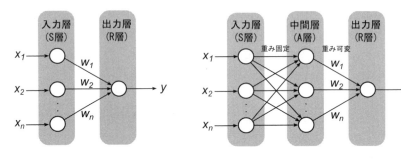

図 3.6: 単純パーセプトロン　　図 3.7: 多層パーセプトロン

感覚層から反応層への回路はすべてフィードバックなしで、データの流れは入力層から出力層への 1 方向であるフィードフォワードネットワークの一種と考えられる。

パーセプトロンでは入出力のパターンは 0 か 1 の二値のみ（出力関数は図 3.3(a) のステップ関数）で、中間層と出力層間の重み値のみを学習するので、中間層の結合荷重は固定であるが、出力層の結合荷重は可変である。そのため、出力層のユニットが 1 つだけで入力層と出力層のみの 2 層からなる最もシンプルな形式は特に単純パーセプトロン (simple perceptron) と呼ばれる。これに対し、3 層以上からなるものは多層パーセプトロンと呼ばれ、後述の誤差逆伝播法（BP 法）もこの一種である。

しかしながら、単純パーセプトロンは線形非分離な問題を解けないことが Minsky （ミンスキー）と Papert（パパート）によって指摘され、次節の誤差逆伝播法が提案されるまではしばらく NN 研究が下火になるという歴史がある。

3.1.5　誤差逆伝播法（バックプロパゲーション）

パーセプトロンの性能の限界が Minsky により指摘されて以降は、しばらくニューラルネットワークは冬の時代を迎えるが、1986 年に Rumelhart（ラメルハート）らがパーセプトロンを多層にし、線型分離不可能な問題が解けるように、単純パーセプトロンの限界を克服した。これが階層型ニューラルネットワークの中でもっとも有名なアルゴリズムである**誤差逆伝播法**（Error Back Propagation：バックプロパゲーション法、以後 **BP 法**と略記）[16] で、パーセプトロンを改良して、中間層の結合荷

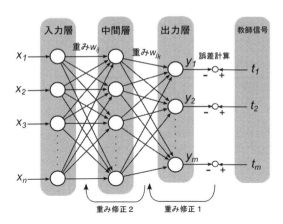

図 3.8: バックプロパゲーション（BP 法）

重も学習によって可変にできるようにし、パーセプトロンが完全に 3 層構造をもって働くようになった。BP 法は、現在最も多く用いられている NN アルゴリズムで、パターン認識、医学診断、音声認識、自動制御、ロボットなど応用例は広範囲にわたる。

BP 法の概念図を図 3.8 に示す。BP 法では複数の中間層を持つネットワークを考えることができ、階層が多くなるほど複雑な知識を学習できる。しかしながら、多層になればなるほど飛躍的に学習時間が増大するため、通常では中間層は 1 層で 3 層構造の NN を用いることが多い。以下では 3 層型のネットワークを考える。同じ層の素子間に結合はなく、どの素子も 1 つ前の層からのみ入力を受け、次の層へ出力が送られる[*1]。

ネットワークの入力層への入力信号を x_i $(i = 1, .., n)$、最終段の出力層の出力信号を y_j $(j = 1, .., m)$、各出力信号に対応する教師信号 (入力値に対する望ましい出力値) を t_j $(j = 1, .., m)$ とすると、まず出力信号と教師信号の誤差が計算される。その誤差が最小になるようにネットワークの結合荷重が修正され、学習が進む。しかしながら、出力層では誤算の計算は容易であるが、このようなネットワークの中間層に対して学習則を導くとき、誤差を直接求めることができない。そのため、この学習信号

[*1] BP 法においては、ネットワークは少なくとも 3 層以上でなければならず、一般に層間のニューロンは全結合を仮定し、信号の流れは入力層から出力層への一方通行である。

を出力層から逆向きに順々に前の層に戻って計算していく。すなわち出力の誤差を前の層へ、前の層へと伝えていくように計算が進むことから誤差逆伝播学習法と名付けられた。

BP法では、出力層の出力信号が教師信号にどの程度近いかを表す尺度として、二乗誤差 E を定義する。この E が 0 に近づけば近づくほど、出力層の出力が教師信号に近づくことになる。学習の目的は、二乗誤差 E を 0 に近づけるように重み（結合荷重）w_{ij} を決めることになる。まず、出力信号と教師信号との二乗誤差 E を以下のように定義する。

$$E = \frac{1}{2} \sum_k (t_k - y_k)^2 \tag{3.6}$$

ここで、y_k, t_k はそれぞれ、出力層の k 番目のニューロンの出力、それに対応する k 番目の教師信号を示す。個々のニューロンの信号処理は式 (3.2) と式 (3.3) に基づいて行われ、BP法では一般に図 3.3(b) のシグモイド関数が用いられる。

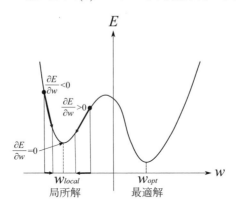

図 3.9: 最急降下法の概念図

ニューラルネットでは、図 3.9 に示すように、**最急降下法**(steepest descent method)と呼ばれる勾配法のアルゴリズムに従い、前段の層における i 番目のニューロンから後段の層における j 番目のニューロンへの結合荷重（重み）w_{ij} を微小量変化させた時に誤差 E が減少する方向に誤差の変化量の大きさに比例して変化させる。これを

学習係数を η $(0 < \eta \leq 1)$ として表現すると以下の式のようになる。

$$\Delta w_{ij} = -\eta \frac{\partial E}{\partial w_{ij}} \tag{3.7}$$

最急降下法では、図3.9のように各重み値 w を重み空間での誤差 E の勾配ベクトルの反対方向にベクトルの大きさに比例して変化させる。すなわち、二乗誤差 E を下げようとすると、E のグラフの傾きが正のときはマイナス方向に、負のときはプラス方向に重み値を変化させれば誤差が減少する。これにより、いわゆる最急降下（勾配）方向に誤差曲面を下っていき誤差を最小にするよう自動的に学習が進む。

しかしながら、この方法では、スタートする入力値（初期値）によっては誤差 E は最適解に収束せず、**局所解**（ローカルミニマム：local minimum）に収束してしまう場合がある。これを回避するためには、中間層のニューロン数を増やして重み値ベクトルの次元を増やしたり、**焼きなまし法**（シミュレーテッドアニーリング：simulated annealing）[17] と呼ばれる、解に温度ゆらぎを与える方法を用いることにより大域的最適解に近づける確率的メタアルゴリズムを用いることで、この問題はある程度回避できる。

誤差逆伝播法では、出力層での誤差をもとに通常のニューラルネットの出力計算とは逆の方向に出力層から誤差信号を伝播させ、最急降下法の式の偏微分の値を効率よく計算する。まず j 番目のニューロンの内部状態を u_j とすると、式 (3.7) の右辺の偏微分は以下のように分解できる。

$$\Delta w_{ij} = -\eta \frac{\partial E}{\partial w_{ij}} = -\eta \frac{\partial E}{\partial u_j} \frac{\partial u_j}{\partial w_{ij}} \tag{3.8}$$

ここで、右辺の最初の偏微分を各ニューロンの誤差信号 δ_j と定義する。

$$\delta_j = -\frac{\partial E}{\partial u_j} \tag{3.9}$$

さらに、式 (3.2) を w_{ij} で偏微分すると x_i になるが、これは前段の層の出力に相当するのでここでは y_i となる。

$$\frac{\partial u_j}{\partial w_{ij}} = y_i \tag{3.10}$$

以上より、最急降下法では以下の式に従って重み値を更新していることになる。

$$\Delta w_{ij} = \eta \delta_j y_i \tag{3.11}$$

これを基に、まず図 3.8 における重み修正 1 の処理について考える。出力層の k 番目のニューロンの誤差信号 δ_k は式 (3.3) と式 (3.6) より、与えられた教師信号 t_k と出力 y_k との差を用いて以下のように求められる。

$$\begin{aligned}\delta_k &= -\frac{\partial E}{\partial u_k} = -\frac{\partial E}{\partial y_k}\frac{\partial y_k}{\partial u_k} \\ &= (t_k - y_k)f'_j(u_k)\end{aligned} \tag{3.12}$$

ここで、$f'(u_k)$ は出力層 k 番目のニューロンでの出力関数の u_k に関する偏微分であるので、出力関数として式 (3.5) に示した標準シグモイド関数（$a=1$ の場合）を用いるとすると、以下のように表すことができる。

$$\begin{aligned}f'(u_k) &= \frac{dy_k}{du_k} = \frac{e^{-u_k}}{(1+e^{-u_k})^2} \\ &= (1-y_k)y_k\end{aligned} \tag{3.13}$$

よって、中間層 j 番目のニューロンから出力層 k 番目のニューロンへの重み値 w_{jk} の更新式は式 (3.11) より以下のようになる。

$$\Delta w_{jk} = \eta \delta_k y_j \tag{3.14}$$
$$= \eta(t_k - y_k)(1 - y_k)y_k y_j \tag{3.15}$$

次に図 3.8 における重み修正 2 について考える。中間層 j 番目のニューロンの誤差信号 δ_j は、出力層 k 番目のニューロンの誤差信号 δ_k の定義と、式 (3.2) の x_i を y_i と考えて偏微分すれば、以下のように計算できる。

$$\begin{aligned}\delta_j &= -\frac{\partial E}{\partial u_j} = -\sum_k \frac{\partial E}{\partial u_k}\frac{\partial u_k}{\partial y_j}\frac{\partial y_j}{\partial u_j} \\ &= f'(u_j)\sum_k \delta_k w_{jk}\end{aligned} \tag{3.16}$$

$$= (1-y_j)y_j \sum_k \delta_k w_{jk} \tag{3.17}$$

同様に、入力層 i 番目のニューロンから中間層 j 番目のニューロンへの重み値 w_{ij} の更新式は式 (3.11) より以下のようになる。

$$\Delta w_{ij} = \eta \delta_j y_i \tag{3.18}$$
$$= \eta(1-y_j)y_j y_i \sum_k \delta_k w_{jk} \tag{3.19}$$

誤差信号 δ を計算したニューロンでは、式 (3.11) に従って重み値の変化量 Δw を計算し、それを重み値 w に加えればよい。このようにして、中間層が何層であっても同様の計算で上位から逆伝播してきた誤差信号 δ と下位からの入力信号 x によって重み値を学習することができる。

以下に、バックプロパゲーションの概略アルゴリズムを示す。

誤差逆伝播法（バックプロパゲーション）アルゴリズム

- Step 1：学習率 η $(0 \leq \eta \leq 1)$ を設定し、すべての重み w_{ij} を初期化（$w_{ij}=0$）する。
- Step 2：訓練データ（入力信号）x_i を入力層に入力する。
- Step 3：中間層、出力層の各ニューロンの出力値を計算する。
- Step 4：教師信号 t_k と出力層の出力値 y_k から出力層の誤差信号 δ_k を求める。

$$\delta_k = (t_k - y_k)(1-y_k)y_k \tag{3.20}$$

- Step 5：出力層の誤差 E と中間層の出力値から中間層の誤差信号 δ_j を求める。

$$\delta_j = (1-y_j)y_j \sum_k \delta_k w_{jk} \tag{3.21}$$

- Step 6：中間層と出力層間の重みを以下の式で更新する。

$$\Delta w_{jk} = \eta \delta_k y_j \tag{3.22}$$

- Step 7：入力層と中間層間の重みを以下の式で更新する。

$$\Delta w_{ij} = \eta \delta_j y_i \tag{3.23}$$

- Step 8：誤差 E が十分小さくなったら学習を終了する。それ以外は Step 2 に戻る。

階層型 NN は、中間層を 1 層有する 3 層構造であれば、中間ニューロン数を十分に設ければ、あらゆる関数を近似できることが示されている [18]。しかしながら、適切なニューロン数、層数、初期重み値、学習係数などは、学習させる問題にも依存する

ためあらかじめ決定することは難しく、また学習するために必要な特徴量をあらかじめユーザが与えないといけないため、専門的な知識やノウハウが必要となる。

3.1.6 CMAC

CMAC(Cerebellar model articulation controller) は、イギリスの Marr とアメリカの Albus が同時期に提案した小脳の理論モデルを 1975 年に Albus がさらに発展させ、数学的に定式化したものである [19, 20]。CMAC は小脳皮質内の情報処理機構の数学的モデルである。CMAC 学習アルゴリズムは、入力が多次元のマッピングに向いており、高い汎化能力を持つ。さらに、3 層 NN の場合の中間層に**分散荷重**という効率的な記憶構造をもつため、入力の数に比べてはるかに少ない記憶容量で足りるという特長をもち、学習速度が比較的速い。そのため、CMAC は特に 2 次元入力空間をもつ関数近似問題に向いており、工学的には「タイルコーディング」とも呼ばれ、強化学習などの分野でも「次元の呪い」[*2]を回避するため用いられたりしている。

CMAC では、個々の写像 $s_i \to m_i (i = 1, \cdots, N)$ は、量子化間隔が $1/K$ ずつ離れた K 個の量子化関数 $^ic_1, \cdots, ^ic_k$ によって定義される。$K = 3, N = 2$ の場合の CMAC 学習アルゴリズムは図 3.10 のように表される。同図で、変数 s_1, s_2 は入力空間の横軸、縦軸に対応し、その変化域は次の各 3 つの量子化関数でカバーされる。

$$s_1: \quad ^1c_1 = \{A, B, C, D\} \quad ^1c_2 = \{E, F, G, H\} \quad ^1c_3 = \{I, J, K, L\}$$
$$s_2: \quad ^2c_1 = \{a, b, c, d\} \quad ^2c_2 = \{e, f, g, h\} \quad ^2c_3 = \{i, j, k, l\}$$

$^1c_1$ と $^1c_2$ のように隣り合う 2 つの量子化関数は、1 量子化単位だけシフトした関係になっている。そして可変領域内の s_i に対し、K 個の量子化関係によって生成される値からなる集合 m_i^* が、ただ 1 つ存在する。例えば、図 3.10 の例において $s_1 = 2$ は、集合 $m_1^* = \{A, F, J\}$ に写像される。同様のことが写像関係 s_2 についても成立する。

次に、A を入力信号によって識別される分散荷重 w_{xy}（入力空間 x, y に対応する分散荷重セルの重み）の集合と定義する。A 内の荷重は、同時にすべて発火することはない。入力信号の発火頻度がすべて最大であるような、ごく僅かの限られた荷重だけがしきい値を超えて発火することができる。このような条件を満たし発火状態にある荷

[*2] 数学的空間の次元数が増えるのに対応して指数関数的に問題の演算コストが増大すること

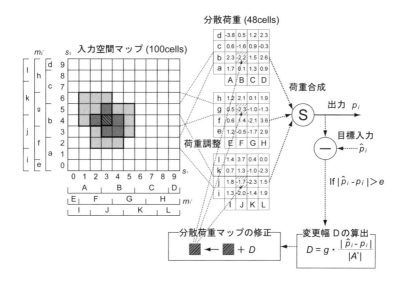

図 3.10: CMAC 学習アルゴリズム

重の集合を発火セル A^* と定義する。するとどの入力信号が最大発火状態にあるかということがわかる。つまり、そのような入力信号の集合をすでに m^* と定義してあるので A^* に含まれる荷重を識別することができるということである。例えば、図 3.10 では、変量 $s_1 = 3, s_2 = 4$ が与えられているので、$m_1^* = \{B, F, J\}, m_2^* = \{b, g, j\}$ となり、A^* 内の荷重はすぐに、$A^* = \{B_b, F_g, J_j\}$ と求めることができる。

さらに A^* によって指定された荷重についてだけ加算を行う。この和が CMAC のスカラ出力値 F となる。例えば、図 3.10 の例では、入力ベクトル $S = (3, 4)$ は $A^* = \{B_b, F_g, J_j\}$ に写像され、$w_{Bb} = -2.2, w_{Fg} = -2.3, w_{Jj} = -1.7$ の 3 つの荷重だけが加算される。これらの選択された荷重の和を取り、$P = -6.2$ という出力を得る。すなわち、入力 $S = (3, 4)$ についての演算結果が、$H(S) = -6.2$ である。図 3.10 の例では、入力空間内の各ベクトルに対応して、それぞれ 3 個の荷重が選択され、それらの出力が P となる。入力空間マップの入力点は 3 枚のタイルが重なっており、周囲の点も少し学習されていることから汎化性があることもわかる。

入力空間マップにおいて、S が隣の点に移動したときには、荷重のうちの 1 つが入れ換わり、以前の点の荷重と新しい点での荷重との差が出力の差となって現れてくる。つまり、隣り合う点との荷重の差は、関数におけるその点での偏微分に相当する。入力空間をベクトル S が移動するとき、P は各々の点に対応する出力値となる。従って、CMAC は $P = H(S)$ の関数演算を行っていることになる。

CMAC は以下の概略アルゴリズムに従って学習が進められる。

CMAC 学習アルゴリズム

- Step 1：CMAC で計算したい関数 $\hat{H}$ を定義し、CMAC マップを初期化する。
- Step 2：入力空間内の点 S に関して教師信号のベクトル値 $\hat{P} = \hat{H}(S)$ を決める。
- Step 3：1 入力点 S について現在の内部状態で得られる $P = H(S)$ を計算する。
- Step 4：P および $\hat{P}$ 内のすべての要素について以下に従って学習する。

    ($\hat{p}_i$:目標値, ε:許容誤差)

    $|\hat{p}_i - p_i| \leq \varepsilon$ ならば、学習は完了したものとして何も行わない。

    $|\hat{p}_i - p_i| > \varepsilon$ ならば、対応する分散荷重に下式で得られる Δ を加える。

$$\Delta = g \cdot \frac{|\hat{p}_i - p_i|}{|A^*|} \tag{3.24}$$

    $|A^*|$：1 回の学習における発火セルの数
    g：1 回の学習での修正量を決める学習ゲイン
- Step 5：終了条件を満たせば学習を終了する。そうでなければ、Step 2 に戻る。

もし $g = 1$ ならば 1 回の学習動作で一気に完全学習を行ってしまう。$0 < g < 1$ の場合は、p_i は 1 回の修正では目標値 $\hat{p}_i$ には到らず、何回かの繰り返しにより徐々に修正が行われる。通常は学習に適切な値を調整して用いる。CMAC は、NN の中でも比較的学習時間が速いため、ロボット制御などの分野でも移動ロボットの障害物回避行動学習や人間の操作特性の獲得などにも応用されている（3.3.1 節参照）。

3.1.7 自己組織化マップ

自己組織化マップ (Self-Organizing Map：SOM) は、入力層と競合層 (出力層) からなる 2 層構造の教師なし学習のニューラルネットワークである。入力層は単に入力を与えるだけであるため、競合層のみを単に自己組織化マップと呼ぶこともある。

SOM は、1982 年に T.Kohonen[21] により提案され、大脳皮質の視覚野を模倣し、脳がもつ自己組織化と適応学習をモデル化した学習アルゴリズムであり、**コホネンマップ (Kohonen map)** とも呼ばれる。高次元データを 2 次元平面上へ非線形写像するデータ解析方法で、高次元データの中に存在する傾向や相関関係の発見に応用することができ、人間が複雑なデータを視覚的に理解する手助けを行う。SOM の応用としては、生物学、医学、電気、土木・建設、社会科学、等の幅広い分野にまでおよび多岐にわたっている。

SOM は、図 3.11 のように規則的に配置された複数のユニットをもつ入力層と出力層の 2 層から構成される。各ユニットは入力ベクトルと同次元の参照ベクトル（ユニット間の結合係数）を持つ。SOM は入力ベクトルを参照ベクトルと比較し、入力ベクトルと一番近い参照ベクトルを持つユニットの出力層への座標へと変換する。入力ベクトル同士の関係性が出力層でも保たれるよう自己学習が行われ、出力層には特徴の似たデータが近くに配置されるためデータの類似性を視覚的に確認できる。

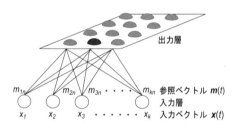

図 3.11: SOM の概念図

SOM に入力ベクトルが与えられると、それに最も近い参照ベクトルを持つユニットを勝者ユニットとする。このとき出力層のマップ上で勝者ユニットの近くに位置するユニットほど入力ベクトルに対して強く学習する権利を獲得し、その強さに応じて参照ベクトルを入力ベクトルへと近づけるように学習を行う。このときの学習の強さは勝者ユニットが一番強く、出力層のマップ上での位置が勝者ユニットから離れていくほど弱くなる。近い性質を持った入力ベクトルは、近くの出力ユニットと異なる性質のものほど遠くの出力ユニットに属するように学習が行われる。生成されたマップは各データの位置関係によって類似しているデータかどうか直観的に理解しやすい。

入力層に k 個、出力層に n 個のユニットをもつ SOM アルゴリズムを以下に示す。

自己組織化マップ（SOM）アルゴリズム

- Step 1：参照ベクトルの初期化
  全ての参照ベクトル $\boldsymbol{m}_i(t)(=[m_{i1}, m_{i2}, \cdots, m_{in}])$ をランダムに配置する。
- Step 2：入力ベクトルの付与
  入力ベクトル $\boldsymbol{x}(t)(=[x_1, x_2, \cdots, x_k])$ を与える。
- Step 3：勝者ユニットの探索
  全マップ中から $\boldsymbol{x}(t)$ とのユークリッド距離 $(=\|\boldsymbol{x}(t) - \boldsymbol{m}_i(t)\|)$ を最小とするノード i を探索し、そのときの勝者ユニットの番号を c と置き、これを参照ベクトルの添え字とする。このとき、以下のような式 (3.25) が成り立ち、m_c を持つニューロンを勝者ユニットとする。

$$c = \arg\min_i \|\boldsymbol{x}(t) - \boldsymbol{m}_i(t)\| \tag{3.25}$$

- Step 4：近傍ユニットの決定
  勝者ユニットの周りの近傍集合 N_c（図 3.12 参照）を、近傍関数 h_{ci} によって式 (3.26) のように計算する。$\alpha(t)$ は学習率、$\sigma(t)$ は近傍カーネルの影響範囲を調整するパラメータ（近傍半径）とする。近傍関数は式のように、ガウス型関数を用いることが多い。$\boldsymbol{r}_c$ および $\boldsymbol{r}_i$ は勝者ニューロン c とニューロン i の位置ベクトルである。

$$h_{ci}(t) = \alpha(t) \cdot \exp\left(-\frac{\|\boldsymbol{r}_c - \boldsymbol{r}_i\|^2}{2\sigma(t)^2}\right) \tag{3.26}$$

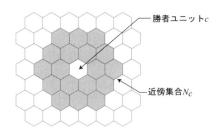

図 3.12: SOM における勝者ユニットと近傍集合

- Step 5：参照ベクトルの更新
  勝者ユニットとその近傍 N_c 範囲内のユニットを式 (3.27) に従って更新する。
  $$m_i(t+1) = m_i(t) + h_{ci}(t)\{x(t) - m_i(t)\} \quad (3.27)$$

- Step 6：終了判定
  既定の学習回数をこなすまで Step 2 に戻り、更新を繰り返す。学習率 $\alpha(t)$ と近傍半径 $\sigma(t)$ は更新が進むとともに小さくなるように設定する。

SOM は、複雑な計算式がなくシンプルなアルゴリズムであるが、ほとんどの多次元データを扱え、結果が視覚的にわかりやすいという利点がある。しかし実問題ではデータ数が多い場合、2 次元のマップ上に全てを表記するのは不可能で表現能力に限界がある。また、SOM はデータ数が多い場合には大きなマップを学習することになるが、入力ベクトルに最も近い勝者ユニットを探す際の演算コストが高くなり、繰り返し学習の回数とマップの大きさに比例して計算量が増えるという問題もある。

トーラス型自己組織化マップ

通常の 2 次元平面 SOM では入力がマップ端のノードが勝者ユニットとなった際に、学習領域がマップからはみ出し、情報が欠損してしまう恐れがある。これは入力される位置によって学習量が変化するということであり、偏った学習を引き起こしてしまう可能性がある。そこで球面 SOM と呼ばれる端のない球状のマップを用いた SOM が開発されている。しかし球面 SOM の場合、特徴マップが球であるために一度に半分しか表示することができず、全体を見渡すことができない。また平面に射影

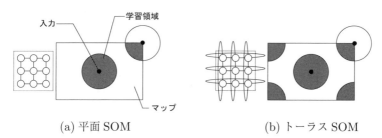

(a) 平面 SOM　　　　　　　(b) トーラス SOM

図 3.13: 平面 SOM とトーラス SOM の概念図

する際に世界地図と同様の問題が発生し、複数の観点を考慮した表現が困難である。

このような平面SOMや球面SOMの問題点を解決するため、三好らが**トーラス型自己組織化マップ（トーラスSOM）**[22]という手法を提案している。この手法で用いる学習マップは図3.13のような両端がつながっていると仮定された上下左右が連結したトーラス型のマップを使用している。そのため学習量の偏りが発生することなく、2次元平面においても全体が見渡せるようなマップを作成することが可能である。

3.1.8 深層学習（ディープラーニング）

深層学習（deep learning）[23]とは、主に中間層の数を増やした多層ニューラルネットワークを指す。深層学習の特徴は入力信号が多数の隠れ層を経由するうちに低次の特徴量から高次の特徴量を自動的に抽出する機能をもっており、基本特徴量さえ設定しておけば有効な組み合わせは自動で学習してくれる。これまで人間が経験や勘に頼っていた特徴量抽出が自動化できたことによって、機械学習の適用可能性が飛躍的に拡大した。

BP法などのこれまでの一般的なNNには、「勾配消失」と「過学習」の問題があるといわれている。「勾配消失」とは、誤差逆伝播法（BP法）による判別結果と正解データの誤差を出力層側から入力層側に向かって伝播して、パラメータを変化させることで精度を上げていく際、多層になった場合に複数の層を伝播していく過程で誤差情報が消失してしまうため学習が進まなくなる現象である。また、「過学習」（over-fitting）の問題とは多層化によって複雑な事象をモデル化できるが、一方でデータが小さいと学習データに含まれる個々の事象を抽象化することなくそのまま学習が終了してしまい、学習データに存在しない新たなテストデータ対しては正解の精度が下がってしまう。これはモデルの自由度が高すぎる上に学習データの量が少なすぎることが原因と考えられている。

このような多層化による勾配消失と過学習の問題は、近年、アルゴリズムの改良と，データ量の増大（ビッグデータ）、そしてコンピュータ（特にGPU）の飛躍的な演算性能の向上によってかなり問題が解消されてきた。また、最近では強化学習に深層学習を取り入れたDeep Q-Network（DQN）も顕著な成果をあげるようになっ

た。DQN は囲碁やゲームなどのプレイ攻略法の探索などの事例でよく知られ、中でも AlphaGo（アルファ碁）は、囲碁で世界トップクラスの棋士に勝ち、人間の能力を超えるアルゴリズムとして有名になった。

以下では、深層学習においてよく用いられる、次元圧縮のための自己符号化器、画像認識を得意とする畳み込みニューラルネットワーク、動画や音声などの時系列データを扱えるリカレントニューラルネットワークについて簡単に紹介する。深層学習は比較的新しい学習手法であり、まだ発展途上の技術である。そのため、本書では理論の紹介は概要程度にとどめ、詳細は他の専門書に譲ることにする。

自己符号化器

自己符号化器（auto encoder）は、ニューラルネットワークを使用した次元圧縮のためのアルゴリズムで、2006 年に Hinton ら [24] により提案された。Auto Encoder は入力層と出力層に同じニューロン数、しかも入力層と出力層に同じ数値を入れて教師なし学習を行う砂時計型 NN である。入力層と出力層を同じ数値にすると、ニューロン数が少ない中間層で情報圧縮が起き、少ない次元で特徴量が蓄積される。

図 3.14 では 5 ニューロンの入力層の情報圧縮した特徴量が 2 ニューロンの中間層に生成される。中間層が 2 層以上あると、誤差逆伝播法では勾配消失の問題があるため最適解に収束する保証はないため、深層学習では前準備として各ユニットのパラ

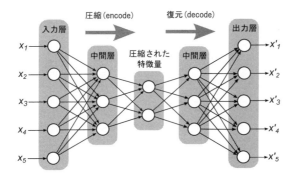

図 3.14: 自己符号化器（Auto Encoder）

メータの初期値の計算を行う。2層以上の場合、深層学習ではまず中間層1層だけを生成し、次に出力層を取り除き、中間層を入力とみなし、もう1層積み上げる。つまり入力層側から順次1層ずつ分離し、各層ごとに教師なし学習を反復し、単層のAuto Encoder を積み上げるように学習を逐次進めていく。

畳み込みニューラルネットワーク

　誤差逆伝播法の中間層を多層にした場合、途中の層からすべての重みに対して誤差の勾配が逆伝播されるため入力層に近づくにつれて誤差の勾配がうまく逆伝播されない。これを解決するために**畳み込みニューラルネットワーク**（Convolutional Neural Network：CNN）という手法が提案された。CNN は、各層間の重みに過疎性を持たせることで中間層の層数を複数用いても学習できるようにした構造である。

　CNN とは、多層 NN の一種で中間層で畳み込みとプーリングの処理を複数回繰り返し行い特徴量を自動で取得するニューラルネットワークである。局所的なノードの特徴量を抽出する畳み込み層（特徴量×重みを計算して全て総和をとること）と、それらをまとめあげるプーリング層（プーリングとはノードの平均値や最大値などの代表値に置き換えること）の各々が1つのニューラルネットワークで表現されており、それを複数階層に結合している。このモデルは一般的に画像認識に強力な性能を発揮することで良く知られており、細かい部分の認識から少しずつ広い領域の認識を行なう特徴量を作り上げていくような処理を行う。

　CNN に関する先駆的研究として、Hubel ら [25] は猫の初期視覚野に特定の傾きを持つ線分に選択的に反応する単純細胞と、特定の傾きを持つ線分を移動させても反応する複雑細胞の存在を確認した。その後、福島ら [26] は**ネオコグニトロン**（Neocognitron）という視覚パターン認識に関する階層型神経回路モデルを発表した。ネオコグニトロンは、同一の結合重みを持つユニットを複数並べ、出力をさらに上位層で集積するプーリングを行い幾何学的変化に対する不変性を実現している。CNN は、このネオコグニトロンに誤差逆伝播法を取り入れた手法である。

　図 3.15 に CNN の概略構成の一例を示す [27]。まず入力画像に対して重みフィルタにより畳み込み処理（convolution）を行う。この処理は、重みフィルタと入力画像で内積をとり、ラスタスキャンにより繰り返し畳み込みを行うことで特徴マップ

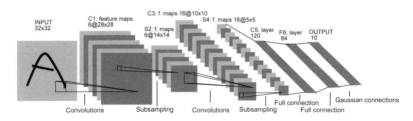

図 3.15: Convolutional Neural Network: LeNet-5（文献 [27] より引用）

（feature map）を得る。重みフィルタは、誤差逆伝播法により学習される。この畳み込み処理の出力はマップ状に出力され、出力されたマップは特徴マップと呼ばれる。

次に、出力された特徴マップを入力としてプーリング処理（図では Subsampling）を行う。プーリング（pooling）とは、入力される特徴マップの小領域から値を出力して新たな特徴マップに変換する処理である。プーリングの処理により新たな特徴マップを得ることができ、CNN でよく用いられているのは Max プーリングである。これは、小領域内の値から最大値を代表値として出力する処理であり、この処理を繰り返すことにより局所的な特徴量を自動生成できる。最後に、得られた特徴マップが識別部に入力されて識別が行われる。

CNN の識別部は、従来の多層パーセプトロンと同じような構造をしており、特徴抽出部で生成された特徴マップを入力して識別を行う。特徴抽出部の畳み込みとプーリングの処理により自動生成された特徴マップを識別部の全結合層のユニットに入力する。その後、従来の多層パーセプトロンと同じように出力層のユニットに応答値が入力されて識別が行われる。

リカレントニューラルネットワーク

リカレントニューラルネットワーク（Recurrent Neural Network：RNN）は、フィードバック結合を持つニューラルネットワークである。通常の多層パーセプトロンでは 1 回目の入力は 2 回目以降に影響を与えないが、RNN では情報をフィードバックするため、2 回目の出力は 1 回目の情報を考慮したものとなり、過去の情報と現在の情報を用いた時系列データの学習が可能である。

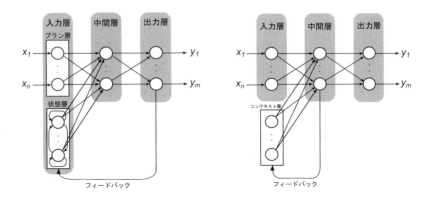

図 3.16: Jordan Network　　　　　図 3.17: Elman Network

RNN には以下のような 2 つの代表的なネットワークが存在しており、理論的には比較的古くから研究されている。

- ジョルダン型 RNN（Jordan Network）
  Jordan Network[28] は図 3.16 のように層構造のネットワークに状態層と呼ばれる層を追加し、ネットワークの出力が状態層への入力となり、その出力も中間層へと繋がる構造をしている。状態層の各素子は、自分自身へのフィードバック結合と同層の素子間の結合が存在する。ジョルダン型は出力層の素子数と状態層の素子数が等しくなるため、問題対象の出力次元によって状態層の素子数が拘束されてしまう。Jordan Network では入力層のことをプラン層と呼び、状態層とプラン層の両方を合わせてネットワークへの入力と考える。

- エルマン型 RNN（Elman Network）
  Elman Network[29] は図 3.17 のように層構造のネットワークにコンテキスト層を追加し、その出力が再び中間層の入力となる構造を持ったネットワークである。エルマン型の場合は中間層からコンテキスト層へのフィードバックの結合部分の重み係数は 1 に固定してある。Elman Network ではコンテキスト層の数が中間層の数と同じになるので、出力次元によって素子数が拘束される Jordan Network と比べて素子数を自由に調整して学習を行うことができる。

動画や音声なども時系列データであるため、RNN はこれらの認識に高い性能を示す。しかしながら、RNN は一般的に収束が非常に遅く、確立された手法はないため、改良手法が数多く出されている。例えば、パーセプトロンを時間的に拡張して多層パーセプトロンとみなし BP 法を行う BPTT（Back Propagation Through Time）[30] や、最急降下法を RNN に適用した RTRL（Real Time Recurrent Learning）[31] などが提案されている。

3.2 強化学習

強化学習（reinforcement learning）とは教師信号が存在しない状況で、試行錯誤を通じて未知の環境に適応する合理的な政策を自律的に求める学習アルゴリズムである。動物心理学などの分野で生み出された用語であり、動物にある行動を起こした時だけエサなどの**報酬**（reward）を与えることを繰り返すと、その行動パターンが徐々に**強化**（reinforcement）され、ついに報酬がなくても同じ状況の場合にはその行動をとりやすくなるというものである。NN のような**教師あり学習**（supervised learning）とは異なり、**教師なし学習**（unsupervised learning）の一種である。強化学習では状態入力に対する正しい行動出力を明示的に示す教師が存在せず、代わりに報酬を与えることで学習する。環境との相互作用の繰り返しを通じて、ある時間長さにわたる報酬の重み和を最大化することが強化学習の目的である [32, 33]。

強化学習は機械学習の中の一分野であり、本来、動物心理学あるいは動物行動学の分野で用いられた用語である。強化学習に関連するものとしては、「パブロフ犬」[*3]の実験が有名である。この場合、ベルの音（条件刺激）を与えた直後に必ず餌（報酬）が与えられ、唾液の分泌（条件反射）が起きた場合に間違いなく報酬を与えて続けていく（学習）と、条件反射行動がより強化される。

このように報酬を契機として行動パターンを学習する場合に用いられる概念であるが、広くは罰による行動の抑制も含めて、「条件付け」といわれる一連の適応現象を

[*3] Pavlov は犬に餌を与える時、ベルを鳴らしてから与えるということを繰り返していると、そのうち餌がなくてもベルを鳴らすだけで犬がよだれを垂らすようになるという現象から、動物が訓練や経験によって後天的に獲得される条件反射行動を発見した。

実現する学習を強化学習と呼ぶ。神経伝達物質のドーパミンは生物における報酬信号に対応しており、大脳基底核からドーパミンを出せなくなると生物は正しく強化学習をすることができなくなり、パーキンソン病という身体の制御が利かなくなる病気になる。このように強化学習は生物が生きていく上で重要な機能の一つでもある。

3.2.1 強化学習の枠組み

　強化学習の枠組みを表す概念図を図 3.18 に示す。学習主体 (学習者) をエージェント (agent)、学習者の存在する状態を環境と言う。強化学習は政策、報酬関数、価値関数、環境のモデルなどにより構成されている。エージェントはある環境内で観測される状態に基づいて政策と価値関数により行動し、その行動により学習者であるエージェントはある状態から次の状態へと遷移し、環境から取られた行動に対応する報酬を受け取る。新しい環境が作られ、エージェントは再び観測し、報酬を高めるように行動する。状態、行動、報酬の一連の流れは以下の手順で実行される（図 3.18 参照）。

(1) 　エージェントは現在の環境状態 s_t を観測する。
(2) 　状態 s_t、その価値関数、政策に基づいて、行動 a_t を決定し、実行する。
(3) 　行動 a_t により環境状態 s_t が新しい環境状態 s_{t+1} に遷移する。
(4) 　学習者は環境よりその遷移に応じた報酬 r_t が与えられ、(1) へ戻る。

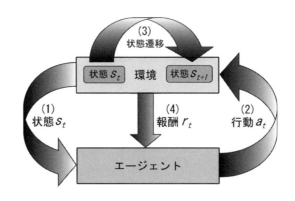

図 3.18: 強化学習の概念図

エージェントの目標は、**利得**（return：最も単純な場合、報酬の総計）を最大化する**政策**（policy）を得ることである。強化学習の汎用性と簡潔性は、多くの適用可能性を秘めており、特に、制御の面から見ると強化学習の枠組みが、不確実性のある環境を取り扱える点に多くの研究者の期待を集めている。

　強化学習は前述したように、利得を素早く大きくすることにより所定の目的を達成することである。ここに強化学習独特のトレードオフが存在し、より良い報酬獲得のためには、環境の同定が必要であるが、その間は報酬の獲得量は期待できないため、環境同定と報酬獲得のどちらを優先するかというトレードオフが問題になる。このような問題に対して、強化学習は大きく分けて以下のように「環境同定型」と「経験強化型」の二つに分けることができる [34]。

環境同定型　最終的に得られた報酬を最大化しようという最適性を重視した学習手法である。代表例に TD 学習、Q-Learning があげられる。特に Q-Learning はマルコフ決定過程の環境で学習率が適切であれば最適性が保障されている。マルコフ決定過程とは現在の状態と行動から次状態が決定できる性質のことである。しかし環境同定型は環境を探索するための試行錯誤が必要になるため収束が遅くなる。

経験強化型　学習途中で積極的に過去の経験を利用し、探索範囲を限定することにより効率的に学習する方法であり、代表例に Profit Sharing があげられる。経験強化型はその特徴から複雑な問題に対してもある程度効率的に学習できる反面、未知の環境をあまり探索しないために最適性は保障されない。

　強化学習の特長として、1 つは不確実性のある環境にも適用できるという点がある。ロボット制御などの実世界では不確実性（ノイズなど）や計測が困難な未知パラメータが多く、教師信号に相当する学習の目標自体を設計できない問題には強化学習の効果が期待できる。もう 1 つの特長は、設計者がゴールでの報酬を与えるという単純な形で目標タスクをエージェントに指示しておけば、ゴールへの到達方法はエージェントの試行錯誤学習によって自動的に獲得する枠組みになっている。

　しかしながら、試行錯誤学習であるために学習するための状態数と行動数が多くなると、学習に膨大な時間がかかってしまうという問題もある。また、学習の手がかり

になる報酬には一般に遅れが存在する。そのため、行動を実行した直後の報酬だけでは学習主体はその行動が正しかったかどうかを判断できない場合もある。さらに、環境の状態を完全に認識（可観測）できない場合、環境の異なる状態を同じ状態と誤認しながら学習してしまう**エイリアシング** (aliasing) の問題が生じる場合もあるので注意を要する。

3.2.2 TD 学習

TD 学習 [35] とは、自分自身の評価を行い、それを更新するための手法を提案するものである。TD 学習では TD 誤差と呼ばれるものを用いて、この誤差を 0 に近づけていくという方法で学習を進める。TD 誤差とは、現在の状態の評価値と実際に行動してみて、その状態の評価が正しかったかどうかという誤差である。時刻 t における状態を s_t、状態の評価値を $V(s_t)$ として、TD 誤差 δ_t は以下の式で表される。

$$\delta_t = r_t + \gamma V(s_{t+1}) - V(s_t) \tag{3.28}$$

γ は**割引率** (discount rate) で、$0 \leq \gamma \leq 1$ の定数であり、現在の行動が将来どれくらい影響を及ぼすかを決めるパラメータとなる。この TD 誤差が正の時には、見積もっていたよりも自分がいる状態は良かったということであり、負の時には見積もりよりも悪かったということになる。

TD 誤差を求めて、現在の評価値を更新するが、この更新式は式 (3.29) で表される。

$$V(s_t) \leftarrow V(s_t) + \alpha \delta_t \tag{3.29}$$

ここで、α は**学習率** (learning rate) であり、$0 \leq \alpha \leq 1$ の定数である。α は現在と過去を考慮した報酬をどの程度反映させるかを決めるパラメータであり、値が大きいほどその時の状況を重視した学習を行うことになる。

TD 学習の一例として、図 3.19 のように状態が遷移するものを仮定する。この例では各状態（$S_0 \sim S_4$）ごとに A、B の 2 種類の行動が用意されており、状態 S_4 に到達すると報酬が与えられる。最初はそれぞれの状態が評価値を決めることができないので、デフォルトで与えられた値になっている。最初の試行で報酬が与えられるまで遷移すると、報酬が与えられる状態へ遷移する状態（S_3）の評価値が上がる。次の試

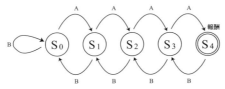

図 3.19: TD 学習の状態遷移

行でその一つ前の状態 (S_2) の評価値が上がる。このように TD 学習では、状態の評価値は報酬が伝搬することによって更新される。

3.2.3 Q 学習

Q 学習（Q-Learning）[36, 37] は 1989 年に Watkins により TD 法の発展形として提案されたものであり、強化学習の中では最も代表的な手法の一つである。Q 学習では、状態だけでなく、状態と行動を 1 つの組として評価を行う。評価には **Q 値**とよばれる行動価値関数を用い、評価の見積もりを行いつつ学習し、その Q 値を基に行動を決定する。

時刻 t において状態が s_t であり行動 a_t を選択した結果、状態は s_{t+1} に遷移し、報酬 r_t が得られたとき Q 値の更新式は次式で決定される。

$$\Delta Q(s_t, a_t) = \alpha(r_t + \gamma \max_b Q(s_{t+1}, b) - Q(s_t, a_t)) \tag{3.30}$$

この式により求められた ΔQ により、以下のように Q 値を更新する。

$$Q(s_t, a_t) \leftarrow Q(s_t, a_t) + \Delta Q(s_t, a_t) \tag{3.31}$$

行動結果に対して報酬を受ければ Q 値は上昇し、罰を受ければ逆に下降する。

Q 学習の概略アルゴリズムを以下に示す。

Q 学習アルゴリズム

- Step 1：全ての状態とその時に取り得る行動の組について、Q 値を初期化する。
- Step 2：エージェントは環境の状態 s_t を観測する。
- Step 3：状態 s_t で Q 値に基づいた政策により、行動 a_t を選択する。
- Step 4：行動 a_t を実行し、環境から報酬 r_t を受け取る。

- Step 5：状態遷移後の状態 s_{t+1} を観測する。
- Step 6：以下の更新式により Q 値を更新する。
$$Q(s_t, a_t) \leftarrow Q(s_t, a_t) + \alpha\{r_t + \gamma \max_b Q(s_{t+1}, b) - Q(s_t, a_t)\}$$
- Step 7：時間ステップを進める。$s_t \leftarrow s_{t+1}$
- Step 8：s_t が最終状態を満たせば終了する。満たさなければ、Step 2 に戻る。

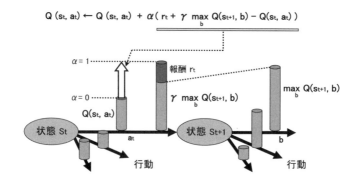

図 3.20: Q-Learning における Q 値の更新 (参考文献 [38])

また Q 学習の Q 値の更新状態を概念図で説明したものを図 3.20 に示す。この図からわかるように、次状態で最大の報酬を得る行動の Q 値を割り引いて現在の報酬と加算し、現在の Q 値との差を学習率をかけて Q 値を更新する。これにより、報酬が得られた時点で、その状態になるまでの Q 値を逆向きにさかのぼるように更新されていき、報酬が伝播する。

Q 学習では、学習された Q 値を基に行動を決定する。行動決定の方法として、次のようなボルツマン選択に基づく確率的な行動選択（ソフトマックス法）がよく用いられる。

$$P(a|s) = \frac{\exp(Q(s_t, a_t)/T)}{\sum_{b \in A} \exp(Q(s_t, b_t)/T)} \quad (3.32)$$

ここで、A は状態 s_t でエージェントが可能な行動の集合である。この確率分布によると、Q 値が大きな行動ほど高い確率で選択されることになる。ここで T は温度定

数であり、この値が大きいほど行動の選択はランダムとなり、積極的な探索を行うことになる。逆に 0 に近づけると、わずかな Q 値の差が行動選択に大きく影響することになり、その極限では Q 値が最大となる行動をいつも選択することになる。

定理 (Q-Learning の収束定理) [37]
エージェントの行動選択において全ての行動を十分な回数選択し、かつ学習率 α が

$$\sum_{t=0}^{\infty} \alpha(t) \to \infty \text{ かつ } \sum_{t=0}^{\infty} \alpha(t)^2 < \infty$$

を満たす時間 t の関数となっているとき (例えば $\alpha(t) \propto \frac{1}{t}$ など)、Q-Learning のアルゴリズムで得る Q 値は確率 1 で最適な Q 値に収束する。
ただし、環境はエルゴート性を有する離散有限マルコフ決定過程であることを仮定する[*4]。

上記の収束定理は、全ての行動を十分な回数選択しさえすれば行動選択方法 (探査戦略) には依存せずに成り立つ。よって行動選択はランダムでもよい。しかし、強化学習ではまだ Q 値が収束していない学習の途中においてもなるべく多くの報酬を得るような行動選択を求められることが多い。学習に応じて序々に挙動を改善していくような行動選択方法として、前述のボルツマン選択以外の行動選択法としては、ある小さな確率 ϵ でランダムに選択し、それ以外では Q 値の最大の行動を選択する ϵ-グリーディ法や遺伝的アルゴリズムでも使用されている Q 値に比例した確率で行動選択を行うルーレット選択なども用いられる。

政策が貪欲的になるほど学習空間の探索が行われにくくなり、局所最適解に陥る可能性が高くなる。ここに「**探索**」対「**利用**」(exploration-exploitation) というトレードオフが生じる。積極的な探索は、最適解が得られる可能性は高いが、試行回数が多くなってしまう。一方、過去の経験を利用することによって悪い結果を招くこと

[*4] 「マルコフ性」とは、状態 s' への遷移がそのときの状態 s と行動 a にのみ依存し、それ以前の状態や行動には関係ないこと。「エルゴート性」とは、任意の状態 s からスタートし、無限時間経過した後の状態分布確率は最初の状態とは無関係になること。

は避けられるが、経験に捕らわれ過ぎてしまうとより良い解を見逃すおそれがある。式 (3.32) の確率的な行動選択においては、温度定数 T を調整して、うまく両者のバランスをとる必要がある。

強化学習における重要なパラメータである α、γ、T の特徴について以下に簡単にまとめておく。

学習率 α　現在と過去を考慮した報酬をどの程度反映させるかを決めるパラメータであり、値が大きいほどその場を重視した学習を行うことになる。$0 \leq \alpha \leq 1$ の範囲で設定されるが、値が小さすぎると報酬の影響が伝わりにくく、学習回数が膨大になるが、大きすぎると学習は早まるが、収束しない可能性がある。

割引率 γ　現在の行動が将来どれくらい影響を及ぼすかを決めるパラメータであり、$0 \leq \gamma \leq 1$ の範囲で設定される。γ の設定によって、同様の報酬を受けた場合でもその評価は異なる。

温度定数 T　温度定数はランダムさを決定するパラメータであり、T が大きくなるほどランダムな行動選択を行い、小さくなるほど現状で考えられる最適な行動を選択する。

3.2.4　Profit Sharing 法

すでに述べたように、強化学習には環境同定型と経験強化型がある。経験強化型は環境をあまり探索しないため、複雑な環境での問題にもある程度の学習速度を期待できるが、最適性は保障されない。経験強化型の **Profit Sharing** は Holland らが提案した分類子システム [39] における報酬割り当て手法の一つであり、報酬を得た時にそれまでのルール系列を一括で強化する学習アルゴリズムである [40]。図 3.21 に Profit Sharing の概念図を示す。

初期状態または報酬を得た次の状態から報酬を得るまでのルール系列をエピソードという。Profit Sharing ではエピソード単位でルールに付加された重み w_{sa}(s:状態、a:行動) を式 (3.34) により強化する。報酬を分配する報酬の大きさを決定する関数を強化関数 $f(h)$ と呼び、行動評価値を更新する時には式 (3.33) のような関数を用

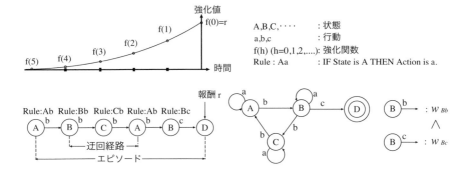

図 3.21: Profit Sharing の概念図 (参考文献 [41])

いて過去の状態に対応する報酬量を決定し、式 (3.34) の各重みを更新する。

$$f(h) = \gamma^h \cdot r_t \tag{3.33}$$

$$w_{sa} \leftarrow w_{sa} + \alpha f(h) \tag{3.34}$$

ここで、α は学習率 (learning rate) であり、得られた報酬をどの程度反映させるかを決めるパラメータである。γ は割引率 (discount rate) であり、どれだけ過去の状態の行動に報酬を分配するかを決定する。

Profit Sharing では行動を選択する際には一般的にルールに付加された行動評価値のルーレット選択で行動を決定させる。ルーレット選択とは評価が高い行動ほど選択される確率が高くなり、評価が低い行動ほど選択される確率が低くなる選択手法である。状態 s における行動 a の行動評価値を w_{sa} とすると、行動 a が選択される確率 $P_{selection}$ は式 (3.35) のようになる。

$$P_{selection} = \frac{w_{sa}}{\sum_{i=1}^{n} w_{sa}} \tag{3.35}$$

報酬が徐々に周辺の状態に伝播していく形で進む Q-Learning と比べ、Profit Sharing は学習途中でも報酬を獲得でき、効率性を最も重視し、非マルコフ決定過程のような複雑な問題に対しても効率的に学習できる。

しかしながら、エピソード単位で報酬を分配しようとすると図 3.21 のような場合、エピソードの中には迂回系列が存在する。この迂回系列上のルールを無効ルールと呼び、このルールの発生を抑制するように強化関数を与えることで合理性を保証することができる。合理性とは単位行動当たりの期待獲得報酬が正であることである。例えば、報酬を分配されたあと状態 B から行動 b を取る時の行動の重み w_{Bb} と状態 B から行動 c を取る時の行動の重み w_{Bc} が $w_{Bb} < w_{Bc}$ になるようにすると無効ルールの発生を抑制することができる。このことは宮崎らによって PS の合理性定理 [41] として証明されている。

定理 (Profit Sharing の合理性定理)
Profit Sharing の合理性を保証する強化関数の必要十分条件は以下を満たすことである。

$$L\sum_{j=i}^{W} f_j < f_{i-1} \qquad \forall_i = 1, 2, ..., W. \tag{3.36}$$

W：エピソードの最大長、L：同一感覚入力下に存在する有効ルールの最大個数

この定理を満たす最も簡単な強化関数としては、図 3.21 に示すような等比減少関数が考えられる。このような性質を持った PS は最適性は保証されていないが合理性を保証し、一度に多くのルールを学習できることができるので、学習効率が良いこと、また環境にマルコフ性を仮定していないため (非マルコフ決定過程)、すべての情報が獲得できない環境下でも有効性が期待される。

3.2.5 Actor-Critic 法

Actor-Critic は、図 3.22 に示すように状態価値の推定を行う評価部 (**Critic**) と方策を推定する行動部 (**Actor**) とが、明示的に分離している。Actor は価値を参照せず、環境が与える状態 s と、Critic が出力する TD 誤差から、行動決定のための方策を作り出す。**TD 誤差**とは状態価値関数の目標値に対する誤差とみなすことができ、式 (3.37) で表すことができる。

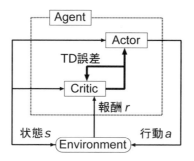

図 3.22: Actor-Critic の構造

　Actor-Critic は Actor が選択した行動により環境が変化して、その状態が Actor、Critic それぞれによって観測される。その際、Critic は環境から報酬を獲得する。観測された状態と獲得した状態から Critic は式 (3.37) で定義した TD 誤差を出力する。また、内部関数の価値関数を更新する。Actor は観測された状態と Critic から出力された TD 誤差を基に式 (3.38) を用いて方策を更新する。

$$\delta_t = r_t + \gamma V(s_{t+1}) - V(s_t) \tag{3.37}$$

$$p(s_t, a_t) \leftarrow p(s_t, a_t) + \beta \delta_t \tag{3.38}$$

$$V(s_t) \leftarrow V(s_t) + \alpha \delta_t \tag{3.39}$$

ここで、$V(s_t)$ は状態価値関数、γ は割引率、r_t は報酬、$p(s_t, a_t)$ は行動価値関数、β はステップサイズパラメータ、δ_t は TD 誤差、α は学習率を示す。

　Actor ではこの行動価値関数を用いて、式 (3.32) と同じく以下のようなボルツマン選択に基づく確率的な行動選択（ソフトマックス法）が用いられるのが一般的である。

$$\pi(s_t, a_t) = \frac{\exp(p(s_t, a_t)/T)}{\sum_{b \in A} \exp(p(s_t, b_t)/T)} \tag{3.40}$$

3.3 学習理論の応用事例

本章では、主にニューラルネットワークと強化学習について様々な学習理論を説明したが、以下では CMAC 学習を人間の操作特性学習に用いた研究例と、動物調教の概念を応用して学習の効率化を図った Shaping 強化学習の研究例について紹介する。

3.3.1 CMAC によるオペレータの操作特性学習

ここでは、2.3.1 節で紹介した移動ロボットのファジィ障害物回避制御に対してオペレータの操作特性学習 [42] を行った事例について説明する。これは CMAC 学習アルゴリズムを用いて、図 2.13 のファジィ障害物回避アルゴリズムの回避ベクトルをオペレータ (人間) の操作特性を獲得することにより学習する手法である。

この手法のアルゴリズムフローを図 3.23 に示す。ここではサッカーロボットのオペレータによるラジコン操作を想定して、ロボットの速度と操舵角速度を人間がジョ

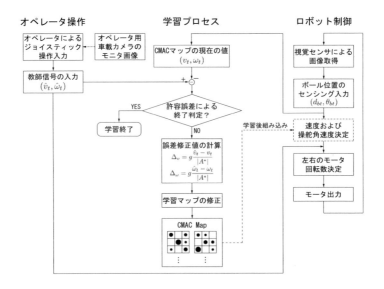

図 3.23: CMAC による人間の操作特性学習

イスティックで操縦する際の操作特性を獲得することを考える。d_{bt}, θ_{bt} はそれぞれ時刻 t におけるロボットから見たボールの距離と方位、$\hat{v}_t, \hat{\omega}_t$ はオペレータの操作入力（教師信号）による速度と操舵角速度、v_t, ω_t は CMAC マップにおける速度と操舵角速度を示している。図の左側はオペレータの操作に関するフロー、中央は学習プロセスのフロー、そして右側はロボット制御のフローを示している。

図 2.13 で紹介した 2 次元平面内における移動ロボットの障害物回避問題に対して計算機シミュレーションを行い、CMAC 学習を用いることによりオフラインでオペレータの実際の操作を学習させたところ、人間の操作特性（回避戦略）を表すディジョンテーブルを得ることができたことが報告されている。これにより、オペレータのロボット操作におけるスキル獲得や個人差（癖）の学習が可能なことがシミュレーションにより確認された。さらに、RoboCup 中型ロボットリーグのサッカーロボットを用いて、ボール追跡およびドリブル行動における人間のジョイスティックによる操作特性も比較的短い学習時間で獲得することができたことが報告されている [43]。

3.3.2　Shaping 強化学習

従来の Q-Learning では環境との相互作用を通して、感覚入力と行動出力の両者のマッピングを記憶して学習を行ってきた。しかしながら、複雑な環境、複雑なタスクを対象とした場合、学習器が複雑かつ膨大になり、学習時間の増大、学習結果の再利用が困難であるなどの問題が生じる。そのため、これまでのエージェント内部で知覚した情報を効率的に学習する方法の設計（内部構造の学習）だけでは限界がある。そこで、自律エージェントと人間との関わりなどの外界からのインタラクションの設計（外部環境からの学習支援）を行なうことによりエージェントの効率的な行動学習を実現する **Shaping 強化学習** について紹介する [44]。

一般に自律エージェントや自律移動ロボットに効率的な行動学習をさせるためには生物の学習メカニズムから工学的模倣を行うことは有効な手法である。そこで、動物行動学、行動分析学や動物のトレーニングなどで広く用いられている "Shaping" という概念を自律エージェントの行動学習に応用することを考える。Shaping は学習者が容易に実行できる行動から複雑な行動へと段階的、誘導的に強化信号を与え、次第

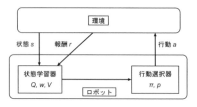

(a) 通常の強化学習

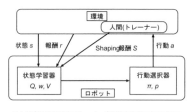

(b) 状態学習器にShaping報酬を付加する方法

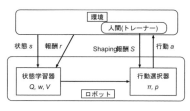

(c) 行動選択器にShaping報酬を付加する方法

図 3.24: Shaping 強化学習の概念図

に希望の行動系列を形成する概念である。この概念はマウスを使った実験で数値的にその有効性が検証されている [45]。

ここでは動物などの調教の場で広く使われている Shaping の概念を強化学習に取り入れた自律エージェントの効率的な行動獲得手法をいくつか提案している。従来の強化学習では最終目標が一定であるため、報酬関数等は固定して最初に定義されるのが一般的である。しかしながら、Shaping は学習者が容易に実行できる行動から複雑な行動へと段階的、誘導的に強化信号を与え、次第に希望の行動系列を形成する概念であるので、サブ目標が暗黙のうちに変化するため、これに基づいて自律エージェントに与える報酬関数等を人為的に変動させることができる。

以下では、強化学習で代表的な Q-Learning、Profit Sharing、Actor-Critic についてて **Shaping 報酬**を与える手法について説明する。

Shaping Q-Learning

Q-Learning は感覚入力（状態）と行動出力の組み合わせにおいて、各状態で可能な行動の中で将来にわたる行動評価値が最も高くなる行動をとるように学習を行う方

法である。ここでは Shaping の要素を組み込む方法として 2 通りの手法を考える。

(1) 状態学習器に Shaping 報酬を付加する方法 [SQL1]

図 3.24(b) のように従来の Q 値の更新式を式 (3.41) のように変形し、Shaping によるサブ報酬 (Shaping 報酬 $S(t)$) を加える。Shaping 報酬とは従来のあらかじめ環境に設定されたサブ報酬とは異なり、人間が適宜、与えるサブ報酬であると定義する。すなわち、Shaping 報酬を加えることにより人為的に Q 値を書き換えることができる。

$$\Delta Q(s_t, a_t) = \alpha(r_t + S(t) + \gamma \max_b Q(s_{t+1}, a_{t+1}) - Q(s_t, a_t)) \quad (3.41)$$

α : 学習率　　γ : 割引率　　r_t : 報酬

$S(t)$: Shaping 報酬

if 人間が調教を行った時 $S(t) = c$ (c は定数) $else$ $S(t) = 0$

(2) 行動選択器に Shaping 報酬を付加する方法 [SQL2]

Q-table(Q 値) と同様に状態と行動の関数である Shaping-table(S 値) を用意し、行動選択の際にだけ参照する。この値は図 3.24(c) のように人間がエージェントに調教を行なった時のみ値が更新され、Shaping の要素は直接 Q 値の学習 (状態学習器) には反映されない。この値は学習の探索空間を絞り込む役割を担っている。ここでは式 (3.42) のようにボルツマン選択に S 値を組み込む。S 値は Q 値とは異なり、逐次的に記憶されるマップであり、動物が調教により獲得した行動を考えて意識するのではなく、無意識で行動すること（体で覚える）と同様の効果が得られ、獲得行動が運動モデルとして確立される。

$$\pi(s_t, a_t) = \frac{\exp((Q(s_t, a_t) + S(s_t, a_t))/T)}{\sum_{b \in possibleactions} \exp((Q(s_t, b) + S(s_t, b))/T)} \quad (3.42)$$

$\pi(s_t, a_t)$: 状態 s_t で行動 a_t を取る行動選択確率

T : 温度定数 (ボルツマン分布)

$S(s_t, a_t)$: Shaping $-$ table(S 値)

if 人間が調教を行った時 $S(s_t, a_t) = S(s_t, a_t) + c$($c$ は定数)

$else$ $S(s_t, a_t) = S(s_t, a_t)$

Shaping Profit Sharing

Profit Sharing は感覚入力（状態）と行動出力のペアで記述されたルール系列に対して一括で報酬を与えることにより連続した行動に対して効率的に学習を行なう手法である。報酬を獲得するまでのルール系列をエピソードと呼び、獲得報酬をエピソード内の各行動選択の評価値に分配し、エピソード単位で強化を行う。

(1) 行動重みに Shaping 報酬を付加する方法 [SPS]

Profit Sharing の報酬を分配する方法として、式 (3.43) に示すような報酬を得た状態からどれだけ過去の状態であるかを示す h を引数とする強化関数 $f(h)$ を用いて、各ルールの重み w_{ik} (状態 $i = 1, ..., l$; 行動 $k = 1, ..., m$) を式 (3.44) に従って更新する。ここでは、Shaping 報酬は人為的に行動重み w_{ik} を変化させるのに用いられる。この手法は SQL1 と同様の考え方であり、図 3.24(b) に示す状態学習器に Shaping 報酬 $S(t)$ を与える手法である。Shaping 報酬が与えられた行動が重要なポイントと認識して、それまでに行なった行動にも意味があると考えて別途報酬を割り引いて与えることにより、連続したルール系列を効率よく学習する。

$$f(h) = \gamma^h (r_t + S(t)) \tag{3.43}$$

$$w_{ik} \leftarrow w_{ik} + \alpha f(h) \tag{3.44}$$

α：学習率　　γ：割引率　　r_t：報酬　　$f(h)$：強化関数　　w_{ik}：ルール重み

Shaping Actor-Critic

Actor-Critic は、行動空間が連続的な場合によく用いられる強化学習法で、状態価値を評価する Critic(状態評価部) と状態観測に応じて確率的に行動選択を行う Actor(行動決定部) が明示的に分かれている。Actor-Critic では、TD 誤差と呼ばれる見積もりと実際に行動した時に得られる評価値の誤差を用いて Critic の状態価値関数を更新し、さらにこの TD 誤差を用いて Actor の行動選択確率が更新される。

(1) Critic に Shaping 報酬を付加する方法 [SAC1]

TD 誤差の出力に Shaping 報酬 $S(t)$ を加えることにより、式 (3.45) に従って TD 誤差を出力し、状態価値関数 $V(s_t)$ が更新される。この手法も SQL1 や SPS と同様

の考え方で、図 3.24(b) に示す状態学習器にあたる Critic に Shaping 報酬が与えられる。エージェントは与えられた状態に重要な価値があると考える。

$$\delta_t = r_t + S(t) + \gamma V(s_{t+1}) - V(s_t) \tag{3.45}$$

$\delta_t : TD$ 誤差　γ：割引率　r_t：報酬

(2) Actor に Shaping 報酬を付加する方法 [SAC2]

式 (3.46) のように行動選択確率 $p(s_t, a_t)$ の更新式に Shaping 報酬 $S(t)$ を付加する方法である。Shaping 報酬を加えることにより人為的に行動価値関数が更新され、確率的探索に人間の意図を与えることができる。この式で、ステップサイズパラメータ β は大きいほど現時点の行動だけでなく近い過去にとった行動にも学習を反映させることができる。この手法は SQL2 と同様の考え方で、図 3.24(c) に示すように行動選択器にあたる Actor に Shaping 報酬が与えられている方法である。

$$p(s_t, a_t) \leftarrow p(s_t, a_t) + \beta(\delta_t + S(t)) \tag{3.46}$$

$p(s_t, a_t)$：状態 s_t で行動 a_t を取る行動選択確率
β：ステップサイズパラメータ

これまでに説明した本手法の有効性を検証するためにグリッド探索シミュレータを作成し、シミュレーション実験を行なった。実験に用いた環境を図 3.25(a),(b) に示す。Start から Goal へのグリッド上の経路探索を各強化学習法を用いて学習するが、エージェントに Shaping を行なう場合、調教者 (人間) がシミュレータ上

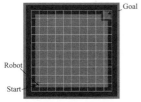
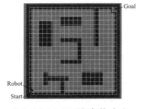
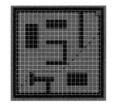

(a)10 × 10:障害物なし　(b) 20 × 20:障害物あり　(c) Shaping 記憶マップ

図 3.25: 実験に用いた環境マップ

のエージェントの動きを観察して、Joypad の十字ボタンを使って Shaping 報酬や Shaping-table の書き換えを適宜行なう。Joypad は調教者が Shaping 報酬を付与するタイミングで一定値を与えるために用いるが、Shaping-table の場合は調教者が行動（移動方向）を指示するために使用される。

以下に本シミュレーションの条件を示す。

- 移動環境は 10×10 と 20×20 のグリッド空間 (障害物あり、なし) とする。
- 自律エージェントのスタート (初期位置) は空間の左下、ゴールは右上とする。
- 自律エージェントの目標行動は最短経路でゴールへ到達することである。
- 自律エージェントは上下左右、斜めに進む行動をとることができ、合計 8 つの行動を各学習手法の行動選択規範に従って自律的に選択する。
- 自律エージェントはグリッド外には出ないものとし、外に出る行動を選択した場合は再度行動選択する。
- ゴールで得られる報酬を 10×10 のグリッドでは 10、20×20 のグリッドでは 100 とする。

実験 1（各種 Shaping 強化学習手法の比較）

すでに提案した 5 つの Shaping 強化学習手法（SQL1、SQL2、SPS、SAC1、SAC2）の性能を比較するために図 3.25(a) のような環境でシミュレーション実験を行なった。比較には通常の Q-Learning を用いて、Shaping 報酬は 0.1 を与えた。

実験 2（より複雑な環境での手法比較）

図 3.25(b) のような 20×20 のグリッド (障害物あり) で学習手法間の比較実験を行なった。ここでは、実験 1 で比較的良い性能を示した Q-Learning と Actor-Critic に注目し、SPS を除く 4 つの Shaping 強化学習手法（SQL1、SQL2、SAC1、SAC2）と通常の Q-Learning を比較した。

実験 3（Shaping 報酬を記憶した場合の手法比較）

Shaping 報酬を毎回、人間が与えると一貫性がなく不確定要素となるために、全く同じ条件で実験間の比較を行なうことは困難である。そこで、Shaping 報酬を与えた状態と行動を記憶しておきエージェントが自律的に同様の行動を行なったとき（特定のサブゴールで特定の行動を取ったとき）に、Shaping 報酬を自動的に与えた場合の学習手法間の比較実験を行なった。実験には実験 2 で用いた 4 つの Shaping 強化学習と比較用に通常の Q-Learning を用いた。実験環境は実験 2 で用いた 20×20 のグリッド (障害物あり) で行なった。図 3.25(c) に調教者が事前実験で Shaping 報酬

を与えた場所（状態）と方向（行動）をマップとして記憶した Shaping 記憶マップ
を示す。今回はエージェントが最短経路を進む行動が獲得できるように Shaping 記
憶マップを作成し、記憶したマップ上の移動方向に行動をしたときにのみ、一定の
Shaping 報酬が状態学習器、行動選択器のそれぞれに付加される。

実験 1～3 の結果を図 3.26～3.28 に示す。グラフの横軸は試行回数、縦軸はゴー
ル到達までのステップ数を示す。実験 1 より 5 つの Shaping 強化学習の中で比較
的性能が良かったのは行動選択器に Shaping 報酬を付加する方法 (SQL2) と Actor
に Shaping 報酬を付加する方法 (SAC2) であった。これらの手法は、行動に対して
Shaping を与えている点で共通しており、調教では強化信号を与えるタイミングは学
習者がその行動を行った直後にどの行動に対して強化が与えられたかを明確にするこ
とが重要であることが知られていることに対応している [45]。これらの手法は行動分
析学、トレーニング法の観点から見ても適した方法であると考えられる。

逆に、状態学習器に Shaping 報酬を付加する方法である SQL1、SAC1 は Shaping
報酬を至る所で与えてしまうと局所解に陥りやすいことがわかった。Shaping 報酬を
任意に与えているので最適性の保障も崩れ、Shaping 報酬の量、与え方によっては準
最適解で収束したり、結果が振動的になったりする様子が見られた。尚、SPS につい
ては、SQL2 や SAC2 とほぼ同等の収束性能を示したが、収束後の結果が安定せず、
SQL1 や SAC1 と同じく振動的な結果となった。

実験 2 のより複雑な環境下の場合においても、実験 1 と同様に SQL2、SAC2 が良
好な学習性能を示した。しかし、複雑な環境になると Shaping 報酬を与える回数が
増え、調教者の負担が大きくなる。そのため、行動政策を持たないエージェントを初
めから調教をするのではなく、ある行動政策を持ったエージェントの行動政策修正に
人間を介在させるなどの手法を考える必要がある。

実験 3 の結果では、図中の mem がついたものは Shaping 記憶マップを用いた実
験結果を示す。この実験でもこれまでの結果と同様に SQL2、SAC2 が良い結果を示
し、Shaping 報酬は行動選択器に与えた方が良い結果を得ることがわかった。あらか
じめ獲得したい行動の道筋がわかっている場合、これを事前に Shaping 報酬として
与えておけば、人間が介在しないため、学習の自動化が可能である。

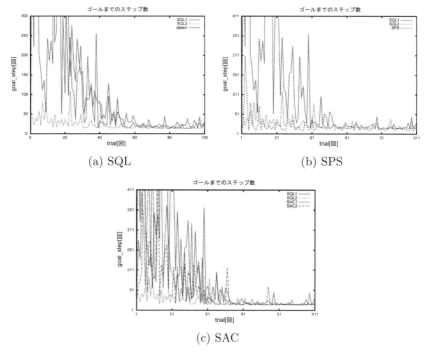

図 3.26: 実験 1 の結果

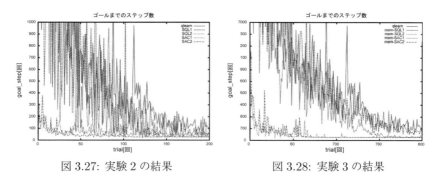

図 3.27: 実験 2 の結果 　　　　　図 3.28: 実験 3 の結果

演習問題 3

【3-1】ニューロンモデルの論理関数

以下の図 3.29 は 2 入力 1 出力のニューロンモデルである。このニューロンにおいて、入力 x_1, x_2 および出力 y はすべて $\{0,1\}$ の値のみをとる。ここで、重み $w_1, w_2 = 1.0$ としたとき、このニューロンモデルの $f(u)$ をステップ関数としたとき、AND 関数 (論理積)、OR 関数 (論理和)、XOR 関数 (排他的論理和)、の論理関数を作るには、それぞれ閾値 θ はいくらに設定すればよいかを考えよ。

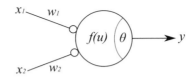

図 3.29: 2 入力 1 出力のニューロンモデル

【3-2】ニューラルネットワーク学習システムの設計

ニューラルネットワーク (NN) を用いて、学習および最適化に関する実用例を具体的に検討せよ。実例は自由に設定してよいが、教師あり学習の特徴を活かした応用例を考えよ。また設計する際に、使用する NN の種類、層数、入力変数 (入力ユニット数)、出力変数 (出力ユニット数)、教師信号を具体的に示せ。

【3-3】強化学習の実例

世の中に存在する現象で、「強化学習」に相当すると考えられる具体的事例について、異なる 2 つの例をあげて詳しく説明せよ。説明の際、どの部分が「強化学習」になっていると考えられるかをわかりやすく記述せよ。

第4章
進化理論

「進化」とは、生物の様々な性質が世代を越えて累積的に変化していくことで、進化システムとは生命が環境条件を克服していくらかでも優位を保とうとするしくみでもある。生物は途方もない時間をかけて、このメカニズムにより自らを改良して種を保存しているのである。進化において、情報を世代を越えて伝えていくものは「遺伝子」であり、遺伝子が集団のなかでどう広まっていくかを左右するのは「個体」である。このように生物進化の担い手は遺伝子であるが、生物の全情報が遺伝子に細かく書き込まれているわけではなく、常に外界との相互作用で形成される場に従っていることがわかってきている。生物の場合、進化により洗練されるのは何千万年、何億年という単位であるが、このような進化のメカニズムをコンピュータに応用すると、個体の成長期間を無視し、実際の進化スピードを高速にして、遺伝子の変化とその評価が計算できる。このように生物の進化のメカニズムを工学的にアルゴリズムとして抽出したものが進化理論である。本章では、進化理論として最初に考案された遺伝的アルゴリズムをはじめ様々な進化アルゴリズムについて解説する。

4.1 遺伝的アルゴリズム (GA)

遺伝的アルゴリズム (Genetic Algorithm: GA) とは、生物進化の原理に着想を得たアルゴリズムで、データ（解の候補）を遺伝子で表現し、選択・交叉・突然変異などの操作を繰り返しながら解を探索する確率的探索・学習・最適化の一手法であ

る。GA は 1960 年代終わりから 1970 年の初めに、J. H. Holland らによって提案された生物進化の模擬手法である。1975 年にミシガン大学より出版された Holland の "Adaptation in Natural and Artificial System" は、今日では GA のバイブルとされている [46]。1985 年にカーネギー・メロン大学において第 1 回遺伝的アルゴリズムに関する国際会議が開催されたことが契機となり、最適化、適応、学習のための方法論として現在では多方面に応用されている。

GA はデータ（解候補）を**遺伝子**（gene）で表現した**個体**（individual）を複数生成して**適応度**（fitness）の高い個体を優先的に**選択**（selection）し、**交叉**（crossover）・**突然変異**（mutation）などの遺伝的操作（genetic operator）を繰り返しながら解を探索する。GA においては生物進化における専門用語が多用されるため、馴染みのない人には理解しにくいと考えられる。そこでまずはじめに、GA などの進化アルゴリズムにおいてよく用いられる基本的な用語を英語表記とともに、それぞれの簡単な説明を表 4.1 にまとめておく。

表 4.1: 進化理論でよく用いられる基本用語

用語	英語表記	説明
個体	individual	染色体によって特徴づけられた生命単位（解候補）
集団	population	個体の集まり
集団サイズ	population size	集団内の個体数
遺伝子	gene	個体の形質を規定する基本構成要素
染色体	chromosome	複数の遺伝子の集まり
対立遺伝子	allele	遺伝子がとりうる値（GA の場合：$0 \leftrightarrow 1$）
遺伝子座	locus	染色体上の遺伝子の位置
遺伝子型	genotype	染色体の内部表現（文字列, 木構造, グラフ）
表現型	phenotype	染色体によって規定される形質の外部表現
適応度	fitness	各個体の環境に対する適合の度合い
コード化	coding	表現型から遺伝子型へ変換すること
デコード化	decoding	遺伝子型から表現型へ変換すること

4.1.1 GA の基本概念

GA における個体は、計算機での処理を前提に考案されたために一般に 2 進数で表される。例えば 8 ビットの遺伝子で個体を表現するならば、$00000000_2 (= 0_{10})$ から $11111111_2 (= 255_{10})$ までの値を表現することができる[*1]。また、GA における遺伝子のデータ構造は、図 4.1 に示すように、**遺伝子型** (genotype) と**表現型** (phenotype) という 2 種類の状態を同時にもっている。遺伝子型は生物の場合、遺伝子（または染色体）に相当するもので、解候補を表現した bit 列を示す。また表現型は生物では個体そのものに相当し、GA では個体評価を受け問題の解候補としての良さを示す適応度が計算される。

選択、交叉、突然変異などの遺伝的オペレータの操作対象になるのは遺伝子型で、新たに発生した遺伝子（個体）が評価されるのは、表現型である。表現型から遺伝子型へ

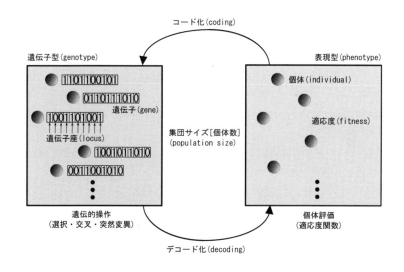

図 4.1: GA の概念図

[*1] 11111111_2 は 2 進数、255_{10} は 10 進数を表す。ちなみに生物の染色体は A,T,G,C の 4 種類の塩基配列で構成されるため、いわゆる 4 進数の遺伝子コードをもっていることに相当する。

の変換を**コード化** (coding)、遺伝子型から表現型への変換を**デコード化** (decoding)
と呼ぶ。GA はニューラルネットワークなどとは異なり、複数の解候補を集団として
扱い、集団全体の適応度が高くなるように進化をさせる。初期集団の個体数のことを
集団サイズ (population size) と呼ぶ。

　生物進化において、多様性を維持することは非常に重要であることは知られている
が、GA においても同様で、探索空間上で解候補を集中させずに幅広く配置する必要
がある。多様性の計測方法の 1 つとして**ハミング距離** (Hamming distance) がある。
ハミング距離とは、2 個体間で同じビット（遺伝子座）における異なった文字の個数
である。2 個体間でハミング距離が大きいということは、探索空間における位置が離
れていることを示しており、遺伝的に遠いことを意味する。よって、集団全体で全 2
個体間のハミング距離の総和を計算し、この値が大きくなるほど集団の多様性は高い
ことになる。

4.1.2　GA の遺伝的オペレータ

　遺伝的アルゴリズムでは、**遺伝的オペレータ**と呼ばれる操作によって個体群を進化
させる。代表的な遺伝的オペレータとしては、**選択**、**交叉**、**突然変異**の 3 つがある。
以下に、GA において重要なこれらの遺伝的オペレータについて説明する。

選択（selection）

　GA は、ダーウィン進化論の考えに基づいており、より環境に適応した個体が多く
の子孫を残し、そうでないものは淘汰される。GA における環境に適応した個体と
は、問題に対してより良い性能（高い適合度）をもつ解候補である。次世代へ子孫を
残すために、解候補の中から次世代の親個体を選択する手法についてはいくつか提案
されている。中でも特に、ルーレット選択は最も良く用いられ、集団から比較的適応
度の高い個体を次世代の親候補とする操作である。

　ルーレット選択（適応度比例戦略）は、各個体が自分の適応度に比例した割合で子
孫を残すことができる選択手法である。図 4.2 の例のように各個体の適応度に比例し
た角度でルーレットホイールを作成し、これを回転したとき矢が当たる箇所をランダ
ムに決めて、当たった個体を次世代に生き残らせるため、このような名前がついてい

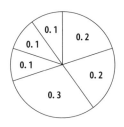

図 4.2: ルーレット選択の例

る。実際の計算ではランダム関数を用いてこの処理を実現できる。この処理を式で表現すると、ある個体 $I_i(i=1,2,...,n)$ が次世代の個体として選択される確率 $P(I_i)$ は以下のようになる。

$$P(I_i) = \frac{f(I_i)}{\sum_{i=1}^{n} f(I_i)} \tag{4.1}$$

ここで、$f(I_i)$ は**適応度関数**と呼ばれ、個体の良さを評価できる何らかの数式で事前に設計者が定義しておく必要がある。適応度関数は進化途中における、いわば個体の点数付けを行うもので、個体集団を最適解に導くための方向性を示し、GA の進化性能を決定づける重要な関数である。

ルーレット選択は、集団中の各個体の適応度の比率に対する選択個体の割合に応じて個体を選択する確率的選択モデルであるので、解の性能に比例して比較的妥当な割合で親個体が選ばれる。しかしながら、探索が進んで進化が収束してきた場合、個体どうしの適応度の差があまりないような状況では、各個体が選択される確率もほぼ同じになり、淘汰圧が弱くなるという問題もある。これによりある程度以上は探索が進まなくなるという状況に陥ることも知られている。

これ以外にも、いくつかの個体をランダムに選び、その中から一番良い個体を次世代に残すという手続きを次世代に残したい個体数が選択されるまで繰り返す**トーナメント選択**や、適応度によって各個体をランク付けし、あらかじめ各ランクに対して決められた確率で子孫を残せるようにする**ランク選択**なども良く用いられる。

またこれらの選択手法とは独立して、ある世代の最良個体を次世代に必ず残す**エリート保存戦略**もよく用いられる。この戦略を用いると、評価する環境が一定であれ

ば最良個体の適応度が減少することはないため、これにより比較的良質解への収束が速くなる。しかしながら、多くのエリートを保存しすぎると、探索初期段階で**局所解** (local minimum) に陥る**初期収束**を起こし、進化が停滞してしまうという問題点があるので注意を要する。

交叉（crossover）

　交叉（または交差）とは、2個体の親個体同士の近傍の少し異なる位置に新しい探索点を生成させることである。交叉オペレータには、**1点交叉**（単純交叉）、**2点交叉**などの**多点交叉**、**一様交叉**などが代表的な手法である。これ以外にも、**セグメント交叉、シャッフル交叉、ブレンド交叉**など様々な交叉手法が提案されている。交叉オペレータは、いずれの方法でも分離点の場所はランダムに決められ、ある確率（**交叉率**）に従って、実行される。ここでは例として、1点交叉の例を図 4.3 に示す。1点交叉の場合は、個体のある1点（交叉点）をランダムに選び、2つの個体間で交叉点の前後を組み替える。

　一般に、多点交叉では、図 4.4 のように遺伝子の先頭と末尾を接続してリング状であると仮定し、ランダムに偶数個の交叉点（交叉をする遺伝子座の切断点）を選び、

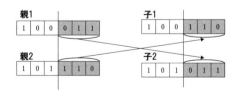

図 4.3: 1 点交叉の例

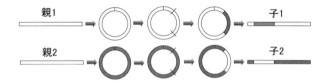

図 4.4: 多点交叉 (2 点交叉) の例

交叉点間で2個体の遺伝子のbit列を入れ替える操作である。ここで交叉が生じる確率を**交叉率**（crossover rate）と呼ぶ。

また、一様交叉 (uniform crossover) は、以下のようにマスクと呼ばれる0,1からなるビット列（一般に0と1の数は同じにする）をあらかじめ作成しておき、子個体1はマスクが0のbitでは親1を、マスクが1のbitでは親2を選び、子個体2ではその逆の操作を行なう交叉である。この交叉は1点交叉や多点交叉に比べて、遺伝子の交換箇所に偏りが生じにくいため、比較的等確率で遺伝子座を均等に交換できるというメリットをもつ。

親1	0 0 1 1 1 1
親2	1 1 1 1 0 0
マスク	0 1 0 1 0 1
子1	0 1 1 1 1 0
子2	1 0 1 1 0 1

突然変異（mutation）

あるランダムに選ばれた遺伝子座の遺伝子を他の**対立遺伝子**に替える操作が突然変異である。例えば0と1で表される染色体において、ある遺伝子に突然変異が起きると、その遺伝子座が0ならば1、1ならば0に反転することになる。突然変異により交叉では生じない新たな遺伝子をもつ個体が生成される。探索の観点から見れば、現在の探索点からある程度離れた場所に新たな探索点を発生させる操作になる。但し、あまり大きな変異確率に設定すると、**スキーマタ**（良質遺伝子）がことごとく破壊されるため、ランダムサーチと化してしまうため、比較的低い値に抑える必要がある。逆に、変異確率があまりにも低いと、初期の遺伝子の交叉による組み合わせ以外の空間を探索することができず、得られる解にも限界が生ずることになる。この突然変異が生じる確率を**突然変異率**（mutation rate、通常0.1〜5%程度）と呼ぶ。

最も一般的な手法は、ある遺伝子座をランダムに対立遺伝子（0ならば1、1ならば0）に置き換える点突然変異である。この処理例を図4.5に示す。一般に突然変異率は一定であるが、これを動的に変化させる**適応変異** (adaptive mutation) という方法

図 4.5: 突然変異の例

もある。これは交叉の結果作り出された 2 個体の近似度をハミング距離で測定し、距離が近いほど高い変異率とする手法である。これは集団中の遺伝子型の多様性を確保し、できるだけ広い解空間を探索しようという狙いがある。

これ以外にも、交叉率、突然変異率といった GA において重要なパラメータを初期や収束期などの探索ステージに応じてファジィ推論により適切にチューニングする手法（6.3 節参照）なども提案されている。これらの手法を用いることにより、一定値の突然変異率の場合に比べて、進化がより高速化され、さらなる効率的な探索が可能となることが報告されている。

4.1.3 GA の処理アルゴリズム

以下では、GA のアルゴリズムについて簡単に説明する。まず、個体の初期集団を一般に設定された個体数だけランダムに生成する。次に評価関数などを用いて全個体の適応度を計算し、適応度に基づいて確率的に次世代に残す個体の選択 (selection) を行う。選択された個体間で遺伝子を部分的に組み換える交叉 (crossover) を行い、確率的にある遺伝子座を対立遺伝子に置き換える突然変異 (mutation) を行う。これらの遺伝的操作を終了条件を満たすまで繰り返して探索を進める。GA の最もシンプルなアルゴリズムは**単純 GA**(Simple GA: SGA) と呼ばれる。

以下に単純 GA(Simple GA: SGA) の処理アルゴリズムを示す（図 4.6 参照）。

単純 GA(SGA) のアルゴリズム

- Step1：初期集団の生成
  設定された数だけランダムに個体（初期個体）を生成する。
- Step2：適応度の評価
  各個体 I_i の環境との適応度 $f(I_i)$ を、あらかじめ決められた評価関数（適応度関数）に

基づいて計算する。

- Step3：選択 (selection)
  Step2 で求めた適応度に基づき、確率的に次世代に残す個体を選択する。一般には、現世代の n 個体 $I_1 \sim I_n$ から、重複を許して n 個の個体がランダムに選択される。SGA では一般にルーレット選択が用いられる。
- Step4：交叉 (crossover)
  生成された次世代の n 個の個体の中から、2 つの個体のペアを一定数ランダムに選択し、それぞれに対して交叉を実行する。これは 2 つの個体間での遺伝子の組み換えを意味し、2 つの親個体の性質を部分的に引き継ぐ新たな子個体を生成する。SGA では一般に単純交叉（1 点交叉）が用いられる。
- Step5：突然変異 (mutation)
  確率的にある遺伝子座をランダムに選び、対立遺伝子に置き換える。突然変異により全く新たな個体を生成できる可能性がある。
- Step6：終了判定
  終了条件を満たせば終了し、満たしていなければ Step2 に戻る。

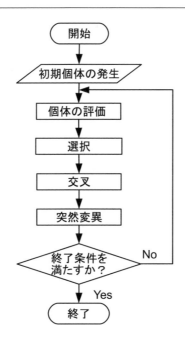

図 4.6: 単純 GA のアルゴリズムフロー

GAの終了判定については、生成された次世代の生物集団（個体群）が進化を終了するための評価基準として、以下のようなものが考えられる。

1. 生物集団中の最大適応度が、あるしきい値より大きくなった。
2. 生物集団全体の平均適応度が、あるしきい値より大きくなった。
3. 世代交代回数に対する生物集団の適応度の増加率が、あるしきい値以下の世代が一定期間以上の長い間続いた。（探索が失敗に終り、個体の進化が停止）
4. 世代交代の回数が、あらかじめ定めた回数に到達した。

これらのうち、1や2は一定の目標に対する標準的な評価基準である。また3は進化の様子を見て停滞したら終了するというものであるが、これは目標を達成したかどうかについては考慮しない。さらに、4の終了条件は進化としては不十分に終わってしまう可能性が高いが、シミュレーションを繰り返す場合などは統一した条件として用いられることも多い。

単純GA（SGA）は、バイナリコーディング（2進数による遺伝子表現）を用いて、適応度比例戦略（ルーレット選択）により次世代の親個体が選択され、単純交叉（1点交叉）により親個体の交配が行なわれ、最適化問題に適用するには非常にシンプルで扱いやすいという特徴がある。しかしながら、単純であるが故に、いくつかの基本的な問題点も内在している。

そこでSGAを扱う上での注意事項として、以下ではこれらの問題点と解決方法（改善策）について触れておく。

(a) バイナリコーディングの問題

GAにおける最も一般的なコーディング方法はバイナリコーディング（binary coding）であるが、これは表現型における10進表記を単純に2進表記に直してコーディングしたものである。バイナリコーディングの場合、10進表記で隣り合っている値のハミング距離（遺伝子の異なる部分の数）が1にならない部分がある。隣り合う値のハミング距離が1でないと、「騙し問題」という問題が発生する。これは、評価の高い解がハミング距離の離れたところにあるような問題で、例えば、3bitコードの場合111が最も評価が高く、000がその次に評価が高いような場合に起こる。

遺伝的操作では、普通新しい個体は、現在の個体群のどれかと比較的ハミング距離の近いものが生成される。従って、ほどほどに評価の高い解の周辺に個体が集まってきたとき、最適解がそこからハミング距離の遠いところにあると、遺伝的操作ではそちらへは個体群が移りにくくなってしまうため、バイナリコーディングでは最適解が求まらなくなってしまう。

回避手法としては、**グレイコーディング**（gray coding）を用いる方法がある。これは2進化した遺伝子に対して、変換をかけて10進数において隣り合う数値のハミング距離が必ず1になるようにコード化する。グレイコーディングは隣り合う値をコーディングしたときのハミング距離が一定であることから、バイナリコーディングに比べて積木仮説が成り立ちやすい（良質遺伝子を破壊しにくい）と考えられている。

(b) 適応度比例戦略（ルーレット選択）を用いる場合の問題

適応度比例戦略には、以下のような問題があると言われている。

淘汰圧の減衰 ルーレット選択で探索が進んだ場合、個体どうしの適応度の差があまりないような状況では、各個体が選択される確率もほぼ同じになり、淘汰圧が弱くなる。これによってある程度で探索が進まなくなるという状況に陥る。

初期収束 ルーレット選択を用いると初期の段階でたまたま適応度が比較的高かった個体の勢力が強大になり、素早く個体群を占める場合がある（初期収束）。個体群の多様性が失われるためそれ以上探索が進まず、局所解に陥ることになる。

回避手法としては以下の方法が考えられる。

スケーリング 淘汰圧の減衰を防ぐために、淘汰圧の差がより強調されるように前処理を行うもので、適応度に何か定数をかけてスケーリングを行う「線形スケーリング」、適応度を何乗かする「べき乗スケーリング」などがある。

選択手法の変更 淘汰圧の減衰や初期収束を防ぐために、他の選択方式を用いることが多々ある。ランク選択やトーナメント選択では、ルーレット選択のように適応度のみに依存して個体選択を行なわないため、比較的これらの問題を回避できる。

(c) 単純交叉（1 点交叉）を用いる場合の問題

交叉オペレータは、いずれの方法でも分離点の場所はランダムに決められ、ある確率（交叉率）に従って、実行される。しかしながら、1 点交叉の場合は 2 点交叉の特殊形と考えた場合、1 ケ所の交差点は固定（端点）である上、一般に交差部位は交差点以降か以前かを決めて組みかえることが多いため、遺伝子座による探索の偏りが生じるという問題がある。

回避手法としては、1 点交叉よりも多点交叉や一様交叉の方がより遺伝子が均一に組み替えられ、次世代の子孫の多様性も高く、性能的に優れていると言われている。

4.1.4 スキーマタ定理

染色体が 1 次元の文字列で表現されているとき、その中に意味のあるパターンが発生する。これを**スキーマ**または**スキーマタ**[*2]と呼ぶ。**スキーマタ定理**はこのようなパターンがどのような遺伝的操作を受けると、どの程度で次世代に生き残るかを示す定理で、Holland によって提唱された GA の基本定理である [47]。この定理を理解すると、どのような遺伝子が優れた進化を遂げるかがわかり、GA を設計する上でも非常に役に立つ。

スキーマタはアルファベットにドント・ケア記号 * を加えた文字列の集合である[*3]。例えば、以下に示すスキーマタ S は 4 つの文字列を示している。ここで、スキーマタが交叉や突然変異で破壊されないために重要な次数 $O(S)$ と構成長 $\sigma(S)$ を定義する。次数 $O(S)$ は突然変異が起こる可能性があるスキーマタの中で値が確定している bit 数で、構成長 $\sigma(S)$ は交叉により分断される可能性のあるスキーマタの確定値の中で最も長い文字列の交叉点候補の数を意味する。式 (4.2) のスキーマタの場合、$O(S)$、$\sigma(S)$ ともに 6 である。

$$\begin{aligned} S &= *0011*01 \\ &= \{00011001, 10011001, 00011101, 10011101\} \end{aligned} \quad (4.2)$$

[*2] スキーマタ (schemata) はスキーマ (schema) の複数形。そのため、スキーマタ定理はスキーマ定理とも呼ばれる。
[*3] ドント・ケア記号 * は 1 または 0 のどちらの値でもよいことを示している。

スキーマタの次数　　　　：$O(S) = (全長\ L) - (*の数)$
スキーマタの構成長　　　：$\sigma(S) = (S\ の最左と最右の非*の記号間距離)$

交叉と突然変異がなく、個体総数 N が一定のときのスキーマタ S の世代交代における平均増加率 R_s は、G_i を個体の遺伝子型とすると次式で表わされる。尚、この式の分母 $\bar{f}$ は個体集団全体の平均適応度を示す。

$$R_s = \frac{f(S)}{\bar{f}} = \frac{f(S)}{\sum_{i=1}^{N} f(G_i)/N} \tag{4.3}$$

$f(S)$ はスキーマタ S で表わされるすべてのスキーマタに対する適応度の平均であり、式 (4.2) の S については以下のようになる。

$$f(S) = \{f(00011001) + f(10011001) + f(00011101) + f(10011101)\}/4 \tag{4.4}$$

また、交叉によってスキーマタが分断されない確率 R_c は次式で定義される。

$$R_c = 1 - p_c \frac{\sigma(S)}{L-1} \tag{4.5}$$

ここで、p_c は交叉率 $(0 \leq p_c \leq 1)$ である。

スキーマタが突然変異されない確率 R_m は、以下のようになる。

$$R_m = (1 - p_m)^{O(S)} \tag{4.6}$$

ここで、p_m は突然変異率 $(0 \leq p_m \leq 1)$ である。

時刻 t においてスキーマタ S に属する遺伝子型をもつ個体数の期待値を $P(S,t)$ とすると、交叉と突然変異は独立なので、次式が成り立つ。

$$\begin{aligned} P(S, t+1) &\geq P(S,t) \cdot R_s \cdot R_c \cdot R_m \\ &= P(S,t) \cdot \frac{f(S)}{\bar{f}}[1 - p_c \frac{\sigma(s)}{L-1}](1-p_m)^{O(S)} \\ &\simeq P(S,t) \cdot \frac{f(S)}{\bar{f}}[1 - p_c \frac{\sigma(s)}{L-1} - O(S)p_m] \end{aligned} \tag{4.7}$$

式 (4.7) で突然変異率は十分 1 より小さいとして $(1-p_m)^{O(S)}$ をテーラー展開して 2 次の項以下を省略した。また、近似式になっているのは交叉および突然変異によって生じる他のスキーマタからの流入分などの高次項を省略したことによる。

この式から GA における遺伝子がどのような遺伝的操作を受けた場合に次世代に生き残りやすいかという知見に関する以下の定理が導かれる。

> **定理** (スキーマタ定理)
> 構成長 $\sigma(S)$ が短く、次数 $O(S)$ が低く、平均適応度 f より高い適応度を示すスキーマ S が次の世代で生き残る。(積木仮説)

この定理は**積木 (building block) 仮説**とも言われ、適応度が高く、かつ、短いスキーマが遺伝子型中に存在する場合、そのスキーマは交叉によって分断される可能性が低く、世代交代につれてその数を増やしてゆくことを示している。要するに、学習で長い優良遺伝子を獲得しても、結果的に分断されてしまうような遺伝子コードは安定に生存できないことを示唆している。そのため、例えば交叉はランダムではなく機能単位 (building block) で行なうことで適応度が上がり、冗長コーディングによりシステムが分断される確率が下がるのでさらにロバスト（頑健）になる。

まとめとして GA の総合的な性質および特徴について以下に整理しておく。

1. GA は逐次近似あるいは逐次改良によって解を探索する多点探索アルゴリズムの一種である。
2. 「選択」は、見い出された良い解候補の近傍によりよい解候補を期待するために行われるものである。
3. 「突然変異」は、よりよい解候補を期待するために近距離内 (小さなハミング距離) でのランダム探索を行なうものである。
4. 「交叉」は、良い解候補には良い部品が含まれ、それらを組み合わせることによってより良い解候補が得られることを期待するものである。(building block 仮説)
5. GA における各種の演算操作は確率的要素を含んでおり、GA は確率探索法の性格をもっている。確率を決めるパラメータを適切に選ぶ (制御する) ことによって局所最適化を回避できる可能性がある。
6. 演算の並列化が容易である。並列コンピュータ上での高速演算を実現するためには極めて有利である。

また、GA の問題点についても以下に列挙しておく。

1. 有限の世代数で最適解が得られる保証はない。(ほとんどのヒューリスティック探索手法と同様)
2. 局所最適解が多数存在するような問題、特に最適解が狭い領域に孤立して存在するような多峰性問題では GA による探索は困難である。このような問題に対しては、特に適応度の設計に注意を要する。
3. 初期収束が発生する可能性がある。これを回避するには遺伝子型のコーディングに冗長性をもたせる、エリート保存を多用しない、遺伝的操作の割合を慎重に選ぶ、などの方法がある。
4. アルゴリズムを高度化すれば設計パラメータの数が増え、問題に応じてそれらの値を調整するのに手間がかかる。

4.1.5 並列遺伝的アルゴリズム

並列遺伝的アルゴリズム(parallel genetic algorithm:PGA)は、個体集団をいくつかのサブ集団に分割し、それぞれ独自な進化を遂げることにより新種の個体を生成し、それらの一部を**移住** (migration) という形で個体交換を行う並列化 GA である。PGA は GA における集団の多様性をさらに高く維持することで、解の質を高めるために提案された [48]。PGA にはいくつかのモデルが提案され、数値計算により実証されてきたが、以下では代表的な 2 つのモデルについて概略を説明する。

- **Coarse-grained GA** (Island GA)[49]
  個体の集団を独立したいくつかのサブ集団に分け、同一の適応度関数をそれぞれ独自に最大化するよう遺伝的操作を行ない進化する。さらに一定世代ごとに集団間で個体の交換を行う。この操作のことを**移住** (migration) という。ここでは、この分割されたサブ集団は**島** (island) と呼ばれる。(図 4.7 参照)

- **Fine-grained GA** (Cellular GA)[50]
  集団中の各個体はそれぞれ空間上のある位置に配置される。通常、空間は 2 次

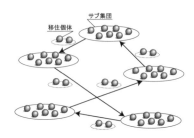 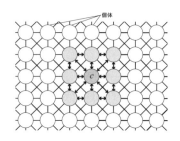

図 4.7: Island GA の模式図　　　　図 4.8: Cellular GA の模式図

元グリッドで、境界効果を避けるためにトーラス状の配列とする。個体の空間的配置を与えることにより、個体間に近接構造が定義される。2次元グリッドでいえば、最も近接している個体は必ず 8 個体ある。各セルは 1 個体しか入れないので、選択はセルごとに、そのセルと近傍セルの個体間で実行される。交叉も近傍の個体間で行なわれ、突然変異は SGA と同じである。(図 4.8 参照)

一般に並列遺伝的アルゴリズムと言えば Island GA を指すことが多いが、さまざまな移住方法が提案されている。移住において、交換する個体数の島内の個体数に対する割合を**移住率** (migration rate) と呼び、中でも最も一般的なものは **Random Ring 法**である。Random Ring 法は、サブ集団の移住元と移住先を結んだ線 (経路) が 1 つのリングを形成するように移住先を定めるという移住方法である。経路は移住操作の度にランダムに変化する。図 4.9 は島ごとに番号が与えられている状態での

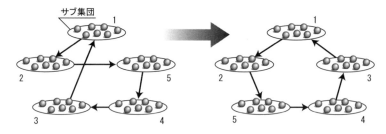

図 4.9: 移住操作（Random Ring 法）

Random Ring 法の概念図である。経路に従って島を配置すると、移住経路が 1 つのリングを形成していることを示している。

4.2 遺伝的プログラミング (GP)

遺伝的プログラミング（Genetic Programming：GP）[51] は、1990 年に J.Koza により考案された構造的表現を直接遺伝子コードで扱えるようにした GA の拡張プログラミング手法である。Koza は GP の基礎理論だけではなく、シミュレーション実験の結果なども含めてこれを集大成し、1992 年に Genetic Programming[52]、1994 年に Genetic Programming II[53] という本にまとめている。

GP は木構造の知識表現を遺伝子とする一種の自動プログラム生成手法ともいえる進化的計算法である。もともと Lisp の S 式（カッコを結合する木構造のプログラム方式）をもとに開発された手法であるが、ほとんどの知識表現は木構造で記述でき、GP によりプログラムの自動生成が可能である。GP の基本的な遺伝的操作やアルゴリズムは GA に基づいており、一般に GA はパラメータや数値の学習に適しているが、GP は知識構造や処理アルゴリズムを学習する際に利用される。

4.2.1 GP の基本概念

GP では、遺伝子として**木**（tree）と呼ばれる構造表現を扱う。木はサイクルを持たないグラフのことであり、一般的に図 4.10 のような構造をいう。木構造は、"IF...THEN...ELSE..." といったプロダクションルールのような知識表現を行う際によく用いられる。一般にグラフ理論において木構造には様々な専門用語が存在する。図 4.10 の木構造を例として、GP でもよく用いられる用語を以下に示しておく。

- ノード：記号 A,B,C,D のこと
- 根 (ルート)：A
- 終端ノード：B,D（終端記号、葉ともいう）
- 非終端ノード：A,C（非終端記号、関数記号ともいう）
- 子供：A にとっての子供は B,C（関数 A の引数）

第4. 進化理論

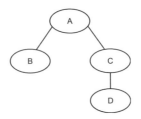

図 4.10: GP の木構造の例

- 親：C にとっての親は A
- 兄弟：B にとっての兄弟は C

尚、この他にも木構造においては「子供の数」、「木の深さ」、「孫」、「子孫」、「先祖」などという言葉も適宜使用される。例えば、図 4.10 の場合、ノード A の子供の数は 2、ノード D の木の深さは 2、ノード A の孫は D、ノード A の子孫は B,C,D、ノード D の先祖は A,C である。

GP でも GA と同様な遺伝的操作が行なわれる。遺伝的操作である突然変異（ノードのラベルの変更）、逆位（兄弟の並べ換え）、交叉（部分木の取り換え）を木構造に適用したものが図 4.11、図 4.12、図 4.13 である。逆位のみ GP 独特の遺伝的操作であるが、これらはビット列を対象とする従来の遺伝的操作の自然な拡張である [54]。

4.2.2 GP の遺伝的操作

GP では、分岐や処理を表す非終端記号（関数ノード）とセンサ入力である終端記号（終端ノード）からなる S 式の木構造で表現されたプログラム自身を遺伝子とみなす。終端記号は、プログラムでは定数や変数に対応し、非終端記号は引数を持つ関数に対応する。Lisp の S 式のプログラムでは、演算 $x+y$ を $(+ \ x \ y)$ のように数式全体をカッコでくくり、演算子の後に引数を並べる形式で表現される。

以下に図 4.11〜図 4.13 の GP 例における遺伝的操作を S 式の木構造で表現されたプログラム（下線が交換部分）を示す。ここで、$prog2$ および $prog3$ の演算子は、引数が 2 個および 3 個あり、これらを前から順に実行することを意味している。

4.2. 遺伝的プログラミング (GP)

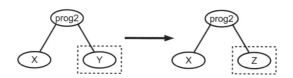

図 4.11: GP における突然変異の例

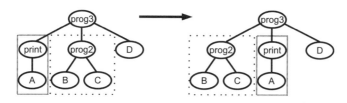

図 4.12: GP における逆位の例

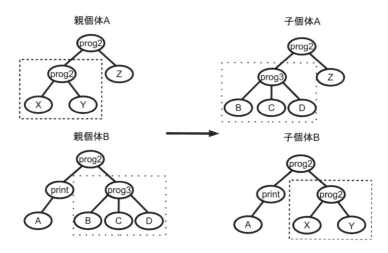

図 4.13: GP における交叉の例

●突然変異 (mutation)：ノードのラベルの変更

$(prog2\ X\ \underline{Y})$

$\Downarrow$

$(prog2\ X\ \underline{Z})$

- ●逆位 (inversion)：兄弟木の並べ換え

    ($prog3$ ($\underline{print\ A}$) ($prog2\ B\ C$) (D))

    $\Downarrow$

    ($prog3$ ($prog2\ B\ C$) ($\underline{print\ A}$) (D))

- ●交叉 (crossover)：部分木の取り換え

    ($prog2$ ($\underline{prog2\ X\ Y}$) (Z))

    ($prog2$ ($print\ A$) ($\underline{prog3\ B\ C\ D}$))

    $\Downarrow$

    ($prog2$ ($\underline{prog3\ B\ C\ D}$) ($Z$))

    ($prog2$ ($print\ A$) ($\underline{prog2\ X\ Y}$))

突然変異は、対象となるノード（突然変異点）を決め、それを別のノードに変更する。GP における突然変異には、終端ノードから非終端ノードへの突然変異（新しい部分木の生成）、終端ノードから終端ノードへの突然変異（ノードラベルの付け換え）、非終端ノードから終端ノードへの突然変異（部分木の削除）、非終端ノードから非終端ノードへの突然変異（新しい非終端ノードと、古い非終端ノードの子の数が同じ場合はノードラベルの付け換え、逆に異なる場合は部分木の削除、生成）などがある。

また逆位は、GP 特有の遺伝的操作であり、1 個体中の遺伝子の兄弟同士の枝の順序を入れ替えるという操作のため、交叉のように収束を促すことにも、突然変異のように多様性を維持することにもなると考えられる。交叉は、親個体となる 2 個体を選択し、それぞれに交叉点を決め、そのノードから下の木を枝刈りして交換し、新たな 2 個体（子個体）を生成する。これらの遺伝的オペレータは確率的に制御される。

4.2.3　GP の処理アルゴリズム

前節の基本概念を基に GP のアルゴリズムについて説明する。以下では非終端記号を F、終端記号を T で表すこととする。また、GTYPE とは、細胞内での染色体に相当する遺伝子型のことであり、GP では木構造を指す。PTYPE は、表現型と呼ばれ、GTYPE が意味するプログラムの発現を表す。

以下に遺伝的プログラミング (GP) の概略アルゴリズムを示す。

遺伝的プログラミング (GP) のアルゴリズム

- Step1：初期個体群の生成
  ランダムに木構造 GTYPE を構成する。ランダムな木構造の生成は、F と T が与えられた時、次の再帰的手続き SUBTREE を呼ぶことでなされる。
  1. T∪F から 1 つのノード x をランダムに取り出す。
  2. x∈T なら x を返して終了。
  3. x∈F なら x の引数の数を n とする。そして以下を n 回繰り返す。
     SUBTREE を call してその結果を $a_i (i = 1, \cdots, n)$ とする。
     最後に $(x\ a_1\ a_2\ \cdots\ a_n)$ という部分木を返して終了。
- Step2：個体の適応度の計算
  各 GTYPE の表現型 PTYPE に対してそれぞれ適応度を求める。
- Step3：親個体の選択
  適応度の大きな GTYPE に対して一定数のペア（親個体）を取り出す。
- Step4：遺伝的操作
  交叉、突然変異、逆位の遺伝的操作を実行する。
- Step5：世代交代
  以上によって求められた新しい GTYPE を、次の世代の個体として、Step2 へ戻る。

　GP の遺伝的操作により、元のプログラム (構造表現) が少しずつ変化していき、目的となるプログラムを探索する。GP のアルゴリズムは、遺伝的操作の違いを除いては、GA のアルゴリズムとほぼ同一であり、GP では GA の知見の多くをそのまま用いることが可能である。

　しかしながら、GP では GA と異なり、個体評価が適応度関数のような単純な演算ではなく木構造（プログラム）の性能評価となる。そのため、各個体評価にはプログラムの優劣をシミュレーション等で確かめる必要があるため 1 世代の学習時間が膨大になる、主に交叉により学習が進むにつれて無駄な木が増大してしまう、といった問題がある。これを回避するには、例えば、各世代の遺伝的操作を一部制限する（例：各世代における遺伝的操作は交叉、突然変異、逆位のいずれかを選んで実行する）、木のサイズを抑制するような交叉を行う（例：交叉後の木の深さに上限を設ける）、などの解決策が考えられる。

4.3 進化的アルゴリズム

進化的アルゴリズム (Evolutionary Algorithm：EA) は**進化的計算** (Evolutionary Computing：EC) とも呼ばれ、個体群の確率的最適化アルゴリズムの総称である。主なメカニズムとしては、自然淘汰 (natural selection)、適者生存 (survival of fittest) といったダーウィン進化の仕組みと、有性生殖を基にした生物学的仮説に基づくアルゴリズムが用いられている。最適化問題の解の候補群を生物の個体群と仮定し、評価関数によって解の選択が行われる。これを繰り返すことにより、個体群が進化する。

EA で代表的な手法を以下に示す。これらの手法では、選択 (selection)・突然変異 (mutation)・増殖 (reproduction) などのアルゴリズムは本質的に共通であるが、得意とする対象問題はそれぞれに異なっている。

遺伝的アルゴリズム (Genetic Algorithm: GA) [46]
> EA の中でも最も代表的な手法で、問題の解を探索するにあたって 0,1(二進数) のコード配列を使用し、選択と突然変異に加えて交叉オペレータをもつ。

遺伝的プログラミング (Genetic Programming: GP) [51]
> 遺伝的アルゴリズムをプログラムの自動生成に利用した手法で、遺伝子は木構造の形式で表現され、一般にプログラムコードを自動学習する。適応度関数は遺伝子プログラムを実行し、その性能で評価する。

進化的戦略 (Evolution Strategy: ES) [55]
> 無性生殖の有機体の発達をシミュレートしたもので、GA と異なり、突然変異と選択手続きだけを用いる。さらに ES は GA と異なり、実数パラメータを用い、自己変異パラメータも更新する。

進化的プログラミング (Evolutionary Programming: EP) [56]
> 解の優位性を表した確率的な関数を用い、個体がお互いに次世代に選択される過程を直接計算する。

進化的アルゴリズム (EA) や進化的計算 (EC) は、ニューラルネットワークと同様に工学的には最適化や学習・探索問題に利用されるが、生物集団の進化メカニズムを

用いている点に特徴がある。これらに共通な遺伝的操作には突然変異が含まれるが、GAにおける交叉は含まれていない。交叉演算は親同士の中間種を生成するため個体群を収束に向かわせる機能をもっているが、この機能は進化において必ずしも必要というわけではない。一方、突然変異は進化的アルゴリズムのすべてに存在する機能で、全く新しい個体を生成するためには必要であり、個体群の多様性を確保するために必須の機能であることを示している。

以下に本書ではまだ紹介していない**進化的戦略** (ES) と**進化的プログラミング** (EP) について簡単にそのアルゴリズムを説明しておく。

4.3.1 進化的戦略

ESの歴史は古く、1965年にI.RechenbergとH.P.Schwefelにより提案されたアルゴリズムである [55]。ESは突然変異と選択手続きだけを用い、交叉を用いないため局所解に陥ることが少ない。対象が多数の局所最適解をもつ多峰性問題でも適応可能であるという特長をもつ。

進化的戦略の概略アルゴリズムを以下に示す。

進化的戦略 (ES) のアルゴリズム

- Step1：初期化
  親ベクトルの初期化された個体集団 X_i ($i=1,\cdots,\mu$) は、実行範囲からランダムに選ぶ。
- Step2：突然変異
  子ベクトル X_j ($j=1,\cdots,\lambda$) は、それぞれの X_i の構成に対するガウシアンのランダムな変化を加えることによって、それぞれの親 X_i から作られる。
- Step3：評価
  X_i と X_j の適応度を評価する。
- Step4：選択
  次世代の新親をそれらの適応度を基にした個体集団から選択する。
- Step5：終了判定
  終了条件を満たせば終了する。満たさなければStep 2に戻る。

4.3.2 進化的プログラミング

EP は予想問題を解くための有限状態機械を発展させた枠組みとして、1965 年に L.J.Fogel により提案されたアルゴリズムである [56]。EP は他の 3 つの方法論と比べると、特に決まった構造がなく、個体がお互いに次世代に選択される過程を直接計算する。そのため、低い適応度の個体でも相手個体がさらに低い適応度であば選択される可能性が高まる。

進化的プログラミングの概略アルゴリズムを以下に示す。

進化的プログラミング (EP) のアルゴリズム

- Step1：初期化
  親ベクトルの初期の個体集団 X_i $(i = 1, \cdots, \mu)$ は、実行範囲からランダムに選ぶ。
- Step2：突然変異
  子ベクトル X_j ($j = 1, \cdots, \mu$) は、X_i の構成に対するガウシアンのランダムな変化を加えることによって、それぞれの親 X_i から作られる。
- Step3：評価
  X_i と X_j の適応度を評価する。
- Step4：競合
  q 個の競争者を X_i と X_j の中からランダムに選ぶ。それから、各個体の適応度と競争相手を比較し、重み係数 W_j $(j = 1, \cdots, 2\mu)$ を計算する。
- Step5：選択
  それらの重みによって次の世代の新しい親が選択される。
- Step6：終了判定
  終了条件を満たせば終了する。満たさなければ Step 2 に戻る。

進化的アルゴリズムはロボット分野への応用も幅広く行われており、**進化ロボット工学** (evolutionary robotics: ER) という研究分野もある。進化ロボットの概念は 1993 年にサセックス大学の D. Cliff、I. Harvey ら [57] が提唱し、スイス連邦工科大学ローザンヌ校の D. Floreano と F. Mondada のグループ [58] とサセックス大学のグループがそれぞれ自律型ロボットへの人工進化の適用実験を行ったことで知られている。しかしながら、死滅や個体生成ができないロボットに生物のような進化は不可能なので、実際には進化アルゴリズムを用いてロボットの知能や行動アルゴリズムを

学習・最適化させるのが一般的である。具体的には、ロボットの制御および行動アルゴリズムを遺伝子として表現し、進化アルゴリズムによって高度な知能をもつロボットを構築する。近年では、センサ・モータ系を有するロボットの進化シミュレーションやロボットのハードウェアを創発させる研究なども行われている [59, 60]。

4.4 遺伝的アルゴリズムの応用事例

遺伝的アルゴリズムをはじめとする進化的アルゴリズムは様々な分野の学習・探索手法としてよく利用されている。特に、GA は最適化問題を得意としており、ナーススケジューリング、ジョブショップ・スケジューリング、列車ダイヤグラムの作成、電子回路の最適設計、遺伝子の情報解析、たんぱく質の構造決定など、応用例は多数存在する。ここでは、GA を最適化問題の探索に利用するための適用例を示した後、画像処理への GA の応用例について紹介する。

4.4.1 GA の探索問題への応用

本節では、GA の演算を理解するため具体的な探索問題に応用したときの例について紹介する。ここで用いる例題は数学的難問題（NP 困難[*4]）としても有名な**ナップザック問題**である。ナップザック問題（Knapsack problem）とは、図 4.14 のように複数の物体（個々の物体は異なる重さと価値をもつ）が与えられた時に、重さがある範囲以内でいくつかの物体を選択し、その時の価値の合計が最大になるような選択の組み合わせを見つけるという問題である。例えば、図 4.14 の場合、重さと価値の異なる 8 個の物体があり、これらからいくつかの物体をセレクトしてナップザックの上限値 50kg を超えない価値が最大になる組み合わせを探索する。

以下では、ナップザック問題を解くために単純 GA（SGA）を用いた場合に設計すべきポイントを具体的に説明する。

[*4] 多項式時間では解くことのできない問題であり、メタ・ヒューリスティックを適用することによってどこまで効率的に近似解を見つけられるかが重要となる。全ての都市を一度ずつ巡り出発地に戻る巡回路の総移動コストが最小のものを求める巡回セールスマン（TSP）問題も同様に NP 困難として有名である。これらは GA や NN などの学習理論の性能を評価する上でのベンチマークとしてもよく利用される。

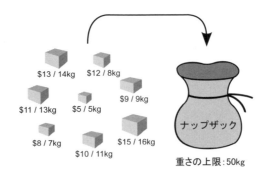

図 4.14: ナップザック問題

遺伝子のコーディング

まず問題の解候補を文字列にマッピングする必要がある。コーディング例を以下に示す。物体 X_i を文字列の i 番目のビットに対応させ、物体 X_i が選択されている時を 1、そうでない時を 0 で表現する。

【例：遺伝子コーディング】

例えば、物体の数が全部で 20 個であると仮定すると、遺伝子長は 20bit になる。以下は左端の遺伝子座を 1 番目としたとき、4、6、12 番目の物体が選択された状態を表している。

   "00010100000100000000"

適応度関数の設計

適応度関数は、個々の個体の競争力を評価する関数である。例えば、ナップザック問題においては、ある解候補で選択した物体の価値の合計をそのまま適応度とするような関数を定義すればよい。但し、ナップザックにいれる物体の重さには上限があるので、上限を越すような選択に対してはペナルティーとして十分悪い適応度を与える。この十分悪い値は、設計者が自由に設定でき、どの程度上限を超えることを許すかの意思を適応度関数に反映させられる。これにより、意味のない解が生成されることを防ぐことができる。

4.4. 遺伝的アルゴリズムの応用事例

【例：適応度関数】

$$f(個体) = \begin{cases} (価値の合計) & \cdots \quad \Sigma(選択した物の重さ) \leq (重さの上限) \text{ のとき} \\ (十分悪い値) & \cdots \quad \Sigma(選択した物の重さ) > (重さの上限) \text{ のとき} \end{cases}$$

遺伝的操作の設計

選択は、適応度に応じてより環境に適した個体を確率的に選ぶ操作である。ここでは、各個体の適応度に比例した確率で個体を選ぶルーレット選択（適応度比例戦略）を使用した。ルーレット選択は図 4.15 のように、各個体の適応度に比例した角度に区切ったルーレットホイールを想定し、これを回転させたときに矢を放ち、当たった個体を選択するものであり、次世代の個体数分だけ同じ操作を繰り返す。

【例：ルーレット選択】

	適応度	比率
個体 A	40	10%
個体 B	60	15%
個体 C	100	25%
個体 D	200	50%
合計	400	100%

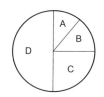

図 4.15: ルーレット選択

計算機上では実際にこのようなホイールを作らなくても、ホイールの 0°〜360° を [0,1] 区間の実数と考えれば、0〜1 の実数値を出力するランダム関数を用いて簡単に同様の操作が可能である。例えば上記の例で次世代に 4 個体を選択するとすれば、個体 A か個体 B のどちらかが死滅し、個体 C が生き延びて、個体 D は 2 つに増える可能性が高い。しかしながら、選択はあくまでも確率的に行なわれるので、適応度の低いものでも生き残れる可能性があることが多様性を高める上で重要な意味をもつ。

交叉は、二つの個体間で文字列の部分的な交換を確率的に行なう操作である。異なった文字列同士の交叉であれば広域探索となり、似通った文字列同士の交叉であれば局所探索となる。通常、SGA では 1 点交叉を用いるが、ここでは文字列をランダムに 2 ケ所で切断し、中央部を入れ換える 2 点交叉の例を示す。

突然変異は、個体中の特定の遺伝子座のビットを確率的に強制変更する操作である。突然変異の役割は二つあり、一つは交叉で得られた解の近傍を探索する操作で、

【例：2点交叉】

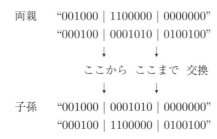

もう一つは交叉だけからでは得られないパターンを生成する操作である。例えば、交叉のみの遺伝的操作しかないと仮定すると、全ての初期個体の n 番目のビットが0であった場合、以降の世代では交叉により n 番目のビットが0の個体しか生まれてこない。そのため突然変異は新たな個体を生成し、多様性を高める重要な操作となる。以下に文字列の1ケ所をランダムに選択し、反転させる1点突然変異の例を示す。

【例：1点突然変異】

単純 GA(SGA) による探索

　上記に示した手法で世代交代を行い、ナップザック問題を SGA で解いたときの探索結果はここでは省略するが、例えば 50 個の物体でナップザック問題を解いた場合、全探索では数時間かかるのに対して、GA なら1秒以下で解けたという例もある。SGA の場合、遺伝子コーディング、適応度関数、遺伝的操作ともに非常に単純であるにもかかわらず、複雑な問題を容易に解くことができる。ナップザック問題はNP 困難であるため、物体の個数が 10 個程度なら人間でもよく考えれば解くことが

できるが、100 個になると計算機でも非常に時間がかかるくらい圧倒的に難易度が上がる。このようなとき GA を用いると、必ず最適解が得られるわけではないが、比較的優れた近似解（準最適解）を高速に見出すことができる。

4.4.2 GA の画像処理への応用

遺伝的アルゴリズム (GA) の応用事例として、画像の色情報に基づく閾値調整の GA による自動化の研究例について紹介する [61]。ここでは、遺伝子情報に輝度（明るさ）を含む YUV 表色系を用いて、環境が変化した場合にも精度よく対象物のみを抽出するような閾値を決定するために GA を用いており、照明条件によりあらかじめ教師信号（典型画像）を与えることができない環境での自動抽出を対象としている。

本手法で扱う問題は、特定の色を有する目標対象物の周囲に複数のノイズを含む画像に対し、最適な閾値を自動的に調節することにより、対象物のみを適切に抽出できるような閾値を決定することである。様々な照明条件におけるカラー画像に対して、安定した色抽出を行なうには、輝度情報を含む色空間における閾値の上下限値の適切な設定作業が重要になる。このような目標対象物から色情報を絞り込む作業は、通常、色空間の表色系における最大値と最小値の閾値を人間が手作業で調整することになる。この作業は一般にかなり時間がかかるだけではなく、人為的に色情報の閾値を決定した場合、目標対象物の色情報を基に画像全体を色抽出すると、同じ色情報の閾値内に含まれる対象物以外の領域（ここではノイズと呼ぶ）も抽出されてしまう。

例えば、図 4.16(a) のような原画像（全方位カメラの画像）において、抽出対象の

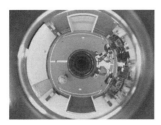
(a) 色抽出前の原画像

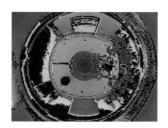
(b) 色抽出後の画像

図 4.16: 色抽出の画像例

ボール（オレンジ色）の色情報から計算した閾値で抽出（黒い点が抽出結果）を行うと、一般に図 4.16(b) のように周囲の同じ閾値に含まれる類似した色情報をもつ画素までノイズとして抽出されてしまう。そこで、本手法では色抽出における閾値情報 (ここでは輝度情報を含む YUV 表色系) を遺伝子で表現した遺伝的アルゴリズムを用いて、対象の画像に対して適切な色情報の閾値を自動的に決定し、人為的に選択された目標対象物の存在する領域の画素を多く抽出し、それ以外の領域の画素（ノイズ）をできり限り抽出しない手法を提案している。

本手法では、まず目標対象物の領域を人為的に選択（ここでは選択領域と呼ぶ）しておき、その領域内における色情報 (Y,U,V) の最大値、最小値を求める。次に、この色情報をもつ遺伝子をエリート個体として GA の初期集団の中に含める。これは、GA の初期探索において無駄な探索を避けるためであるが、この操作は探索初期には極めて高い適応度を持つエリート保存にあたるので局所解に初期収束しないよう突然変異率などを慎重に選ぶ必要がある。GA の適応度を適切に設定することにより、選択した対象物をできる限り多く抽出し、かつ選択範囲以外はできるだけ抽出しないような色情報の閾値を求めることが可能となる。

一般に、カメラ画像のカラーフォーマットは RGB 表色系であるが、本手法では、以下の式を用いて色抽出作業に比較的向いていると言われる YUV 表色系に変換し、このカラーフォーマットを GA の学習データとして用いた。

$$(輝度) Y = 0.257R + 0.504G + 0.098B + 16 \quad (4.8)$$
$$(青色差) U = -0.148R - 0.291G + 0.439B + 128 \quad (4.9)$$
$$(赤色差) V = 0.439R - 0.368G - 0.071B + 128 \quad (4.10)$$

YUV の閾値情報を表現するための GA の遺伝子情報として、Y,U,V それぞれの幅と中心を図 4.17 に示すようにコーディングする。本手法では、バイナリコーディングを用いた。このコーディングで閾値の幅と中心を用いたのは、閾値の最大値と最小値を使用した場合、学習により上限と下限が逆転する問題を避けるためである。しかし、この閾値の幅と中心の情報を持つ遺伝子をデコードすると、閾値の上限と下限の関係から閾値の範囲を超えてしまう場合がある。このような場合は、閾値の決められた探索範囲の上限と下限に合わせてデコードした個体の閾値を変更するものとする。

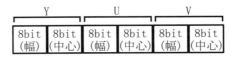

図 4.17: 個体の遺伝子構造

目標対象物の存在する領域内の画素を多く抽出し、それ以外の領域の画素（ノイズ）をできり限り抽出しないような色情報 (Y,U,V) の幅と中心値を効率的に探索するため、以下の式 (4.11) で適応度 f を定義する。

$$f = \frac{S}{S_{all}}\left(\frac{S}{A} - k\frac{N}{A}\right) \qquad (4.11)$$

S ：選択領域内の抽出画素数
N ：選択領域外の抽出画素数
A ：画像全体における全抽出画素数
S_{all} ：選択領域内の全画素数
k ：重み係数

式 (4.11) は、選択領域内と選択領域外の抽出画素数のそれぞれの全抽出画素数に対する割合を求め、その重み付き差分を取ることにより、選択領域内の画素をより多く抽出し、選択領域外の画素（ノイズ）をより少なく抽出した場合に大きな値を取る適応度関数となっている。この差分の増加が対象物の選択領域抽出とノイズ除去に相当し、さらにこれらの個体の中でも、選択領域内で抽出した画素の比率が高い個体をより高い適応度とするために右辺の係数を乗じている。

本手法の有効性を検証するため色抽出シミュレータを作成し、提案した GA の閾値調整能力を確認するために、一般的な CCD カメラによる画像で基本性能の確認を行った後、RoboCup 中型ロボットリーグのミニチュアサッカーフィールドにて、全方位ビジョンを用いて実際にボールの色抽出実験を行った。このシミュレータでは、まず初めにオペレータが抽出したい目標対象物を楕円形状の領域で人為的にマウスで選択する。さらに、その選択領域内の色情報を基に前述のアルゴリズムにより GA を用いた閾値探索を開始する。探索後、閾値情報と共に色抽出した画像がシミュレータのウィンドウ上に出力される。

実験では、CCD カメラにおける色抽出の事前実験を行った後、全方位カメラによる画像を用いた GA による色抽出実験を行った。ここでは全方位カメラの実験についてのみ説明する。全方位カメラを用いた色抽出は基本的には CCD カメラとほぼ同じ処理を適用することが可能であるが、サイズ、形状、色分布、輝度分布などにおいて若干特性が異なっている。全方位カメラによる色抽出実験では、研究室内に設置された RoboCup 中型ロボットリーグのミニチュアサッカーフィールド (4m × 3m) を環境として用いた。実験ではフィールド上の 3 箇所（A：中央、B：イエローゴール前、C：ブルーゴール前）を撮影箇所とした。

実験に使用した原画像には、これらの環境において全方位カメラで撮影した画像を用いた（図 4.18 参照）。抽出すべき目標対象物体はボール (オレンジ) で、フィールドはグリーン、ゴールはブルー（画像の下部）とイエロー（画像の上部）である。この画像のサイズは W320 × H240(pixel) であり、カラーフォーマットには 24bit RGB を用いている。集団の個体数を 100 個体とし、交叉率を 0.4 と 0.7、突然変異率を 0.01 と 0.03 とした場合の色抽出学習実験を行った。遺伝的パラメータは様々な値で実験を行ったが、ここでは交叉率と突然変異率がパラメータ学習に与える影響も確認するため、比較的一般的な値（交叉率 0.7, 突然変異率 0.01）とさらに多様性を高めた値（交叉率 0.4, 突然変異率 0.03）の 2 種類の組み合わせで実験結果を示した。GA の学習実験については同じ環境における画像を用いて 10 回試行を行い、それらを平均して探索性能を評価した。また各々の実験においてある程度色抽出に慣れた人が手作業で行った色抽出結果とも比較した。

実験において得られた GA の学習結果（最大適応度）を図 4.19 に示す。グラフ内の c-rate は交叉率、m-rate は突然変異率を示す。また表 4.2 には各実験で GA の場合と人間の場合で色抽出探索に要した時間を示す。但し、GA の探索時間は人間と同

表 4.2: 色抽出に要した時間

	実験 A	実験 B	実験 C
GA	6 秒	13 秒	3 秒
人間	2 分 24 秒	1 分 13 秒	2 分 52 秒

4.4. 遺伝的アルゴリズムの応用事例

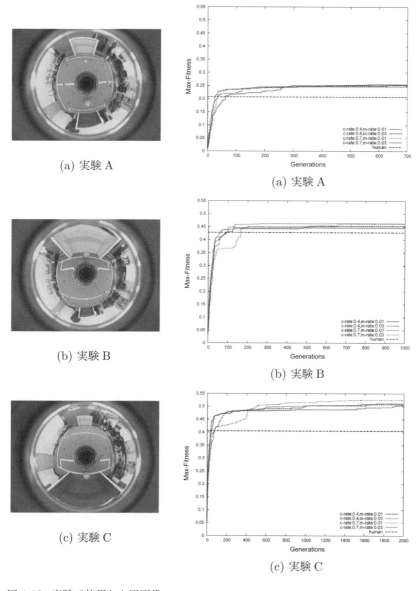

(a) 実験 A

(a) 実験 A

(b) 実験 B

(b) 実験 B

(c) 実験 C

(c) 実験 C

図 4.18: 実験で使用した原画像

図 4.19: 各実験における学習結果

じ適応度に達するまでの時間を基準に計測した。さらに、初期世代エリートの色抽出画像、GA の学習後の色抽出画像、および人間による色抽出画像を図 4.20 に一覧で示した。

まず人間と GA 学習の結果の比較であるが、図 4.19 よりわかるようにいずれの実験においても人間よりも GA のほうが良い結果を示した。また表 4.2 から、色抽出に要した時間も圧倒的に GA のほうが短い結果となった。GA 学習を行うと、いずれの実験も約 1/10 程度の時間で抽出を終えることができたことがわかる。GA の学習性能については、交叉率が高い場合よりは、低い場合のほうが初期における多様性が高くなるので立ち上がりは良かったが、最終的には交叉率が高い場合（c-rate=0.7）のほうが高い適応度を獲得することができた。突然変異率に関しては、今回の実験ではそれほど大きな差は見られなかった。

また、青色と黄色の色抽出では、青色のほうが一般に難しいことは知られており、

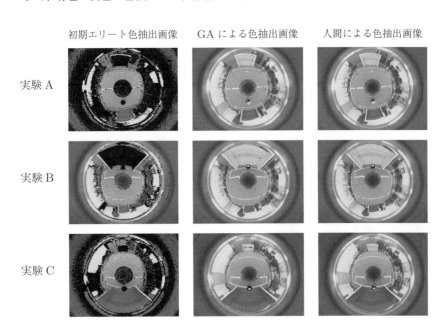

図 4.20: 各実験における色抽出画像

今回の実験 C でも人間における抽出性能は青色のほうが悪い結果となった。しかし、GA の結果を見ると、むしろ黄色よりも良い結果を示した。この実験の結果が今回の条件の中では、人間の抽出結果に比べて最も GA 学習による改善が見られた。

　紙面の都合上ここでは紹介できなかったが、今回提案した適応度関数は対象物に当たる照明 (光) が少ない画像に対しても適切に色抽出できることが確認できた。また対象物に似た色情報をもつノイズがわずかに存在する場合、今回の適応度関数では完全にノイズを除去することができないケースもわずかに見られたが、ほとんどの場合で提案手法は色抽出において人間とほぼ同等かそれ以上の性能で、かつ高速に良好な解を求められることが確認できた。

演習問題 4

【4-1】個体の選択確率の計算

10個体からなる個体集団がある世代において下表のような適応度をもっていたとする。このとき、次世代の親として1個体のみエリート保存選択を行い、残りの個体で適応度比例選択（ルーレット選択）を行った。このとき、個体8の次世代に生き残る選択確率(%)を求めよ

個体 No.	1	2	3	4	5	6	7	8	9	10
適応度	1.3	2.6	4.5	5.0	3.2	1.7	2.8	3.9	4.1	0.9

【4-2】遺伝子の交叉演算

下図の2つの親個体を交叉点3と交叉点7で2点交叉した場合に生成される子個体と、マスク遺伝子で一様交叉した場合に生成される子個体をそれぞれ求めよ。

```
(交叉点)   1 2 3 4 5 6 7 8 9
親個体1    1 0 0 0 1 1 0 1 0 1
親個体2    0 1 0 1 1 0 1 1 1 0
マスク     0 1 0 1 0 1 0 1 0 1
```

【4-3】グレイコーディングの変換

グレイコーディングは隣り合う値をコーディングしたときのハミング距離が1になることから、バイナリコーディングに比べて積木仮説が成り立ちやすいことは本文中で紹介した。式 (4.12) は2進化した遺伝子（バイナリコード）をグレイコードに変換する式で、式 (4.13) は逆にグレイコードをバイナリコードに変換する式である。これを参考にして、10進数で0から7までの8つの値を2進数とグレイコードに変換し、実際に10進数において隣り合う数値のハミング距離が1になっているかどうかを確認せよ。

Binary Code → Gray Code

$$g_k = \begin{cases} b_{l-1} & \cdots \quad k = l-1 \\ b_{k+1} \oplus b_k & \cdots \quad k \leq l-2 \end{cases} \quad (4.12)$$

Gray Code → Binary Code

$$b_k = \sum_{i=k}^{l-1} g_i \ (\mathrm{mod}\ 2) \quad \cdots \quad k = 0, 1, \cdots, l-1 \quad (4.13)$$

第5章
複雑系理論

　複雑系 (complex system) とは、異なる種類の構成要素が非線形に関連しあって複雑な挙動（振る舞い）を示す系であり、地球上には様々な複雑系が存在する。複雑系の科学は、複雑な現象を複雑なまま理解しようとする学問で、従来説明のできなかった複雑系を解明しようとする試みであり、近年盛んに研究が進められている。複雑系には数式のように因果関係で表せるもの（決定論的）と因果関係では表せないもの（非決定論的）が存在するが、カオス理論では決定論的な複雑系のみを扱う。一般に科学においては、数式に表せないような非決定論的な系は扱えないため、複雑系においても決定論的な系を中心に研究が行われている。本章では、予測が困難な非線形現象を扱うことができる複雑系理論としてよく知られるカオス理論を中心に説明する。

5.1　カオス理論

　カオス (**chaos**) の本来の意味は、ギリシャ語で天地創造以前の混沌とした宇宙の状態を示しており「混沌」や「無秩序」を表す言葉である。工学的には**カオス理論**で扱われるのは全く規則が存在しないランダムな状態ではなく、ある決定論的法則に基づいているにも関わらず、不規則に変化し予測不可能な現象に限られる。非線形システムは線形システムに比べて一見複雑でランダムにも見える振る舞いをするが、通常、カオス理論においても決定論的非線形現象のみを対象とする。このような特徴を強調するためカオス理論が取り扱うカオスは**決定論的カオス** (deterministic chaos)

とも呼ばれる場合もある。

カオスの最初の理論的研究として、1880年代にPoincare(ポアンカレ)が三体問題の研究において非周期的で増加し続けない軌道や固定点へ到達しない軌道があり得ることを発見し、カオスの存在を予言した[*1]。その後、20世紀になって1961年、Lorenz（ローレンツ）は簡単な微分方程式から作られる天気予報の気象モデルの大気循環方程式を用いて、シミュレーション中に極めて接近した初期値の差からカオス運動を発見した。これは**ローレンツアトラクタ**としても有名である。同じく1960年代にSmaleは微分可能力学系にカオス運動を発見し、1970年代には、RuelleとTakensらが流体の乱流から**ストレンジアトラクタ**（strange attractor）を発見した。この頃、日本でも1961年に京都大学の上田がDuffing方程式（非線形二階常微分方程式）の中にカオスを発見し、ジャパニーズアトラクタと呼ばれた。さらに1970年代にはLiとYorkeらが1次元離散力学系におけるカオス発生条件を発見した。

5.1.1 カオスの基本的性質

カオスとは、一見何の規則性もないランダムな挙動を示しているように見えるが、ある決められた単純な法則に基づいている数学的モデルである。このような現象は、生物の個体数の増減、波や風・気温などの気象変動、道路の自然渋滞など自然界の身近な生活の中に数多く存在している。カオスには主に以下のような特性があることが知られている [62, 63]。

1. **決定論的非線形性**：単純な数式から、ランダムに見える複雑な振る舞いが発生する。自然界においては動物の個体数変化など多くの例が見つかっている。
2. **初期値鋭敏性**：初期値において通常なら無視できると思われる極めて小さな差が、時間経過とともに無視できない大きな差となる。
3. **長期予測不可能性**：1の非線形性と2の初期値依存性によって、過去のデータから短期未来の挙動予測はできても長期未来の挙動予測は不可能である。

[*1] ポアンカレは1887年のスウェーデン国王が出した懸賞問題「太陽系は定常な安定した存在であるか否か?」に対して、『三体問題と運動方程式について』という論文で否と答えたのは有名である。重力法則下にある2物体システムは周期運動をするが、3物体以上だと周期性を示さずカオスになる。

4. **自己相似性**：どのスケールでみても同じ構造となっているという入れ子構造の性質 (フラクタル性) を持つ。自然界ではリアス式海岸や植物の枝分かれなどに見られる。

カオスは簡単な法則であるにも関わらず、わずかな乱れに敏感で初期値が少し違っていてもその誤差は時間とともに指数関数的に増大し、大きく違った結果になるという初期値依存性をもっている。従来の自然現象や様々な乱れの現象は、全く秩序が存在しないと考えられてきたが、カオスのもつ非線形性と初期値鋭敏性という特性によって、一見ランダムな状態もカオスにより支配されていることが徐々に解明されてきている。

この初期値鋭敏性は指数関数的に初期状態の差が広がる軌道を有する系であり、この性質により長時間後の状態の予測は近似的にも不可能となる。このような性質は軌道不安定性、長期予測不可能性とも呼ばれ、これら二つの性質は密接に関係していることがわかる。カオス理論におけるアトラクタの長期予測不可能性、初期値鋭敏性を説明する現象として有名なものに**バタフライ効果**（butterfly effect）[*2]と**パイこね変換**（baker's transformation）[*3]がある。

さらにもう一つのカオスの性質として**自己相似性**がある。これは局所的な部分と大域的な部分が同じような相似構造（入れ子構造）になっているという特性である。自然界ではリアス式海岸やシダの形状等がこの性質をもっており大域と局所を区別できないことを意味する。このような構造を**フラクタル構造**と呼び、自然現象から多数見つかっているカオスにおいても同様に自己相似性が存在することが知られている。

しかしながら、カオスには完全な定義は現在知られていない。カオスとは何かを説明するには、不規則（ランダム）な運動と複雑な運動の違いは何かが定義できれば良いが、明確な定義は見つかっていない。不規則な点列のデータが与えられた時、カオ

[*2] これはローレンツにより用いられた例えで、"Does the flap of a butterfly's wing in Brazil set off a tornade in Texas?"（ブラジルの1匹の蝶の羽ばたきはテキサスで竜巻を引き起こすか？）の問いに対して物理的には否定はできないことを意味する。
[*3] 平たく伸ばしたパン生地の中央あたりのわずかに異なった位置に2つのマークをつけて、横方向に2倍に引きのばし、つぎに半分に折り畳む。これを繰り返すと初めは極めて近い位置にあったマークは、指数関数的に離れて行き、やがてカオス状態となること。

ス性を判定する方法は多くの研究者が定義を試みているが、まだ十分に明らかにはなっていない。カオスであることの判別については、まだ必要十分条件が見つかっていないため、現状では以下のような必要条件の複数成立を示すことによって調べるしか方法がない [64]。

1) FFT により連続したパワースペクトルがある。
2) 最大リアプノフ指数が正である。
3) フラクタル次元が非整数次元である。
4) 自己相関関数が時間発展により 0 になる。
5) ポアンカレマップ上に重畳しない多数の点が現れ、ある空間内に閉じ込められる。

以下では、これらのカオス判定方法についてそれぞれ簡単に紹介しておく。

5.1.2 パワースペクトル

カオスは、周期倍分岐（詳細については 5.1.7 節のロジスティック写像にて説明）を繰り返しながら最終的にカオス状態になる。これは連続したパワースペクトル（FFT をかけると広域にわたって周波数成分を含む）を持っていることを表している。このことは、軌道は非周期軌道であり、かつ軌道が不安定であることを意味している。すなわち、初期値がわずかに異なるもう 1 本の軌道をとるとき軌道間の距離が平均として時間の経過とともに急速に拡大するということである。初期値のわずかの誤差が長時間の後には大きな誤差を生み、最終的には軌道が予測できなくなる。これはカオスの初期値鋭敏性や長期予測不可能性と呼ばれる性質になっている。このような性質は、大気の乱流に関して気象学者ローレンツにより 1963 年に最初に指摘され、天気の長期予報が不可能なことの理論的根拠とされたものである。

5.1.3 リアプノフ指数

カオス性を定量的に示す一つの規範として、時間経過による軌道の拡大率を表わす**リアプノフ指数** (Lyapunov exponent) がよく用いられる。これは図 5.1 のように各時刻における 2 つの軌道の間の広がり率として定義される。ある時系列の任意の点

x_t と、それに近接する点 $x_{t+\epsilon}$ に注目して、ある時間 τ 後の軌道の離れ度合を測定するため下式のリアプノフ指数 λ を導入する。これはカオスの初期値鋭敏性を示す 2 つの軌道の指数的な乖離度の長時間軌道平均である。

図 5.1: リアプノフ指数

リアプノフ指数 λ の特徴は以下のとおりである。
1) $\lambda > 0$ であれば、軌道の乖離が指数関数的に広がりカオス状態となる。
2) $\lambda = 0$ であれば、軌道の乖離は起きず、平行したままとなる。
3) $\lambda < 0$ であれば、軌道は接近して行くため非カオス状態となる。

一般にはこれを多次元に拡張する。d 次元位相空間内でのアトラクタ上の任意のベクトル $\vec{x}_t$ とこれに近接するベクトル $\vec{x}_{t+\epsilon}$ としたとき、リアプノフ指数は $\{\lambda_0, \lambda_1, \cdots, \lambda_{d-1}\}$ となる。これをリアプノフスペクトラムといい、1 つでも正の値を持つとカオス状態であることを示す。

5.1.4 フラクタル次元

フラクタル (Fractal) とは Mandelbrot（マンデルブロー、米国の数学者）により 1975 年に提唱された造語で、部分とか端数という意味で、系の複雑さを表現するものである。自然界には、シダの葉、リアス式海岸線など全体と部分の形が相似になっている「自己相似性」を備えた入れ子構造が多数存在する。この自然界の複雑な造形を簡単な関数と繰り返し処理により表現しようとするもので、コンピュータ・グラフィックスの進展にともない、最近急速に研究が進み、色々な分野への応用がなされている。

フラクタル図形として知られているものは数多く存在するが、最も有名なものは

図 5.2: コッホ曲線

(a) シダの葉

(b) 樹木

図 5.3: フラクタル図形の例

コッホ曲線で図 5.2 のような図形である。またこれ以外にも、コッホ曲線は生物的な図形の生成ツールとしても用いられることが多く、図 5.3 にシダの葉と樹木の例を示しておく。

フラクタル図形の一例として、コッホ曲線の描き方について説明する。図 5.4 に示したように、1 本の線分を 3 等分し、真ん中に角をつけて、長さ 1/3 の線分 4 本に変えていく操作を細部にわたって繰り返す。図は最初の直線を第 0 世代 (n=0) としたときに、第 4 世代 (n=4) まで図示したものである。全く同様の単純な処理を自己相似的に何度も繰り返すだけであるため、コンピュータで処理をした場合、ほぼ一瞬で処理が終わる。そのため、CG の世界では生物的な複雑な図形を作成する場合に強力なツールとなる。

このようなフラクタル図形がどの程度複雑であるかを調べるには**フラクタル次元** (fractal dimension) を計算すれば良い。カオス的振る舞いをする系の場合、自己相似性を有するためフラクタル次元を求めると、非整数次元になることが知られてい

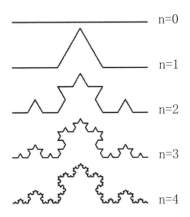

図 5.4: コッホ曲線の生成手順

る。フラクタル次元にはいくつかの定義があり、一般によく用いられているものには、**ハウスドルフ次元** (Hausdorff dimension)、**容量次元** (capacity dimension)、**相関次元** (correlation dimension) などがある。これらの中で直感的にわかりやすいのがハウスドルフ次元である。この概念は数学者ハウスドルフ (Hausdorff) によって提案されたもので、複雑なフラクタル構造をどのように計ったらよいかを考えるため、彼は整数次元を特別な場合として含むような拡張された次元を導入した。

例えば、ある対象物を計る場合、長さ、面積、体積を用いるが、これらは 1、2、3 次元というような整数の位相次元に基づいている。フラクタル図形の次元はこのような整数の位相次元の中間に属するような性質をもつため、整数次元を特別な場合として含むような拡張された次元が必要になる。この拡張された次元を非整数次元またはフラクタル次元 (fractal dimension) と呼ぶ。

一般に、k 倍に拡大するともとの図形が n 個できるような場合、次元数は d 次元であると言う。式 (5.1) において d を計算すれば、それが図形の次元に相当する。

$$k^d = n \quad \therefore d = \log_k n = \frac{\log n}{\log k} \quad (5.1)$$

例えば整数次元の場合は、直線は 2 倍すると同じものが 2 個 ($2^1 = 2$) でき、正方形は一辺を 2 倍すると同じものが 4 個 ($2^2 = 4$) でき、立方体は一辺を 2 倍すると同じもの

が 8 個 ($2^3 = 8$) できる。これに対し、フラクタル次元の場合には次元 d を計算すると、小数点が出て非整数になる。例えば、さきほど紹介したコッホ曲線の場合には 3 倍すると同じものが 4 個できるので $3^d = 4$ より $d = \log_3 4 = \log 4 / \log 3 = 1.2618...$ 次元となる。

一方、時系列データに対するフラクタル次元を計算する方法が樋口により提案されている [65]。この手法で求められるフラクタル次元 D は $[1, 2]$ の範囲の値をとり、その時系列データが複雑であればあるほどその値は大きくなる。例えば時系列データの軌道が単純で滑らかにあるいは周期的な運動をしていれば次元値 $D = 1$ となり、その軌道がランダムに限りなく近い場合には次元値は $D = 2$ となる。このフラクタル次元 D の求め方を以下に示す。

Higuchi の方法では、時系列データ X(データ数 n) に対して、遅れ時間 r についてその信号の長さ $N(r)$ を以下の式で計算する。この式で得られる r と $N(r)$ の関係を両対数でプロットすることによりその傾きから次元値 D を推定する。

$$N_m(r) = \sum_{i=1}^{[\frac{n-m}{r}]} |X(m+ir) - X(m+(i-1)r)|$$

$$N(r) = \frac{1}{r^2} \sum_{m=1}^{r} N_m(r) \frac{n-1}{[\frac{n-m}{r}]r}$$

$$N(r) \propto r^{-D} \tag{5.2}$$

簡単な例としてロジスティック写像（詳細は 5.1.7 節を参照）のフラクタル次元を考える。ロジスティック写像のパラメータを $a = 4$ とした時の次元値 D は図 5.5 のようになる。図からわかるように $\log(r) = 1$ のところを境に 2 種類のフラクタル次元が存在することがわかる。これは遅れ時間、つまり時系列データを大まかな挙動で見ると $[\log(r) > 1]$、その挙動はほとんど乱数に近い複雑なものに見えてしまう。逆に細かな挙動で見ると $[\log(r) < 1]$、ある程度の規則性、つまり時間相関が見いだされることになる。ここではカオスを発現するロジスティック写像を例として用いたので当然規則性があるが、大まかな挙動で見たときはランダムに近いという性質はカオスの持つ長期予測不可能性を示していると考えられる。

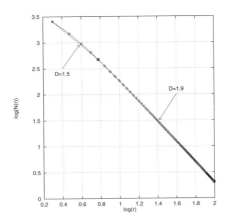

図 5.5: ロジスティック写像のフラクタル次元値

5.1.5 自己相関関数

カオス運動とは解が初期値によって一意的に決まる常微分方程式系や差分方程式系の非周期解が示す乱雑な運動である。このような系の解は、状態変数のつくる相空間において初期値によって一意的に決る位相軌道を描く。このとき、その軌道に沿った力学量 $x(t)$ の時刻 t と $t+\tau$ の間の**自己相関関数** $C(\tau)$ を考える。

$$C(\tau) = \frac{1}{t_2 - t_1} \int_{t_1}^{t_2} x(t) \cdot x(t+\tau) dt \tag{5.3}$$

$C(\tau)$ はパワースペクトルのフーリエ変換である。この式は Wiener-Khintchin の定理として知られ、定常確率過程のパワースペクトル密度が、対応する自己相関関数のフーリエ変換であることを示した定理である。式 (5.3) は t_1 と t_2 の時間差での自己相関関数であるが、これが 0 から T の時間差で $T \to \infty$ になると以下の式になる。

$$C(\tau) = \lim_{T \to \infty} \int_0^T x(t) \cdot x(t+\tau) dt / T \tag{5.4}$$

初期状態においてわずかに時間差のある軌道が時間が経過するにつれてこの式の値が 0 に近づけば、長期的には自己相関性がなくなり、カオス性を示すことになる。

5.1.6 ポアンカレマップ

ポアンカレマップ（ポアンカレ写像）は、d 次元位相空間内のアトラクタの挙動を解析しようとするときに有効な方法で、周期軌道のある空間における切断面にできる写像のことである。ポアンカレマップを用いると、連続時間の変化を離散時間の写像に置き換えることができ、また相空間の次元を1つ下げることができる。

一般に、相空間の軌道が平面 S と同一面内で交差する点を順次 $\{p_0, p_1, p_2, \cdots\}$ とするとき、これらの点列を平面 S 上でのポアンカレマップという。図 5.6 に後述のレスラーアトラクタを一例にしたポアンカレマップを示す。例えば、平面 S 上の初期値 p_0 から始まった軌道はある時間を経てから、再び平面 S と p_1 で交わる。それ以降、周回のたびに平面 S 上に打たれる交点を $p_2, p_3, \cdots, p_n$ として、ポアンカレ写像の反復によって得られるマップがポアンカレマップである。一般に、リミットサイクルの場合は 1 点に収束し、周期倍分岐が起こりトーラスになるとその領域が広がる。さらにカオスアトラクタの場合、ポアンカレマップ上に重畳しない多数の点が現れ、ある空間内に閉じ込められることが知られている。

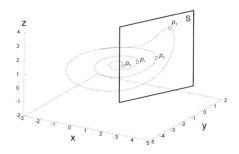

図 5.6: ポアンカレマップ（レスラーアトラクタの場合）

以下の節では、カオス性を示す方程式について具体的に解説する。一般にカオスは非線形方程式で表わされるので解析的な解を得ることは不可能であるため、数値計算に頼るしかない。以下ではカオス特性を有する方程式の中でも比較的わかりやすく、

よく知られているロジスティック写像とローレンツモデルの2種類のカオスについて説明する。

5.1.7 ロジスティック写像

カオスの特性を表す非線形写像の中でも最も単純なものの1つである1次元の差分方程式（2次の漸化式）で表現されるロジスティック写像（logistic map）について紹介する。**ロジスティック写像（ロジスティックマップ）** は、生物の個体数が世代交代とともにどのように変化するかを予測する計算モデルとして Robert M. May（ロバート・メイ）により提案されたものである。数理生物学的には、生物の個体群における個体数あるいは個体群密度の変動モデルを意味すると言われている。

以下にロジスティック写像の2つの例を示す。

$$X_{n+1} = aX_n(1 - X_n) \tag{5.5}$$

$$X_{n+1} = 1 - aX_n^2 \tag{5.6}$$

式 (5.5) は、人口増加などの生物の個体数変化を数学的にモデル化したものであり、式 (5.6) は後述する大規模カオスに用いられたものである。この2式は非常に似た特性を示し、変数 X の時刻 t における値 X_t により次の時刻 $t+1$ の値 X_{t+1} が決まる一次元写像（差分方程式）である。これらの式は、カオスの決定論的非線形特性をもち、簡単な式で構成されるが、非常に複雑な挙動を示す。以下では、これらの式が示す挙動について説明する。

式 (5.5) は、$0 \leq X_0 \leq 1$ の範囲内において係数 a が $3.56995\cdots \leq a \leq 4$ のときカオス状態となり、$a = 4$ のときに最もカオス性が強くなり挙動が複雑になる。式に含まれるパラメータ a を変化させることによってその挙動も大きく異なっていく。挙動の変化を分類すると以下のようになる。また $a = 4$（カオス状態）のときの実際の挙動を図 5.7(a) に示す。

- $1 \leq a < 2$：X_n は $(1 - 1/a)$ に急速に収束する。（固定点）
- $2 \leq a < 3$：X_n は振動しながら減衰し $(1 - 1/a)$ に収束する。（固定点）

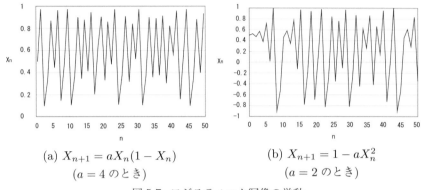

(a) $X_{n+1} = aX_n(1 - X_n)$
($a = 4$ のとき)

(b) $X_{n+1} = 1 - aX_n^2$
($a = 2$ のとき)

図 5.7: ロジスティック写像の挙動

- $3 \leq a < 1 + \sqrt{6}$：X_n は 2 周期運動に漸近する。(リミットサイクル)
- $1 + \sqrt{6} \leq a < 3.56995\cdots$：$X_n$ は 2^m 周期運動に漸近する。(トーラス[*4])
- $3.56995\cdots \leq a < 4$：X_n はカオス状態になる。(カオス)

式 (5.6) は大規模カオスでよく用いられるロジスティック写像で式 (5.5) とは異なる数式であるが、同様に複雑な挙動を示す。$-1 \leq X_0 \leq 1$ の範囲内において係数 a が $1.41367\cdots \leq a \leq 2$ のときカオス状態となり、$a = 2$ のときに最もカオス性が強くなり挙動が複雑になる。式 (5.6) においても、式に含まれるパラメータ a を変化させることによってその挙動が大きく異なっていく。挙動の変化を分類すると以下のようになる。また $a = 2$（カオス状態）のときの実際の挙動を図 5.7(b) に示す。

- $0 \leq a < 0.15$：X_n は (1 - a/2) に急速に収束する。(固定点)
- $0.15 \leq a < 0.72$：X_n は振動しながら減衰し (1 - a/2) に収束する。(固定点)
- $0.72 \leq a < 1.25$：X_n は 2 周期運動に漸近する。(リミットサイクル)
- $1.25 \leq a < 1.41367\cdots$：$X_n$ は 2^m 周期運動に漸近する。(トーラス)
- $1.41367\cdots \leq a < 2$：X_n はカオス状態になる。(カオス)

[*4] トーラス (torus) とは、円周の外側に回転軸を置いて得られる回転体でいわゆるドーナツ型の図形である。輪環や円環などとも呼ばれる。リミットサイクルの軌道の幅が膨れた形状に相当する。

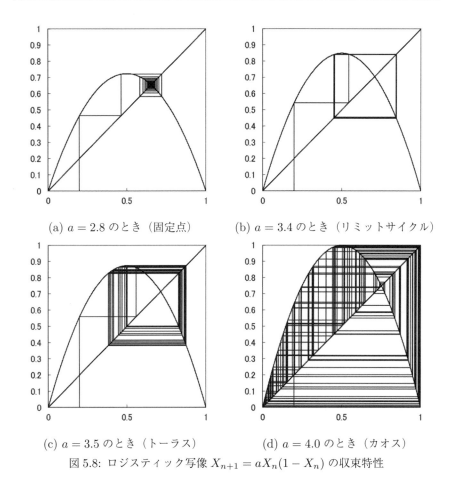

(a) $a = 2.8$ のとき（固定点）　　(b) $a = 3.4$ のとき（リミットサイクル）

(c) $a = 3.5$ のとき（トーラス）　　(d) $a = 4.0$ のとき（カオス）

図 5.8: ロジスティック写像 $X_{n+1} = aX_n(1 - X_n)$ の収束特性

　これらの挙動をグラフで見るとわかりやすいので、図 5.8 にロジスティック写像 $X_{n+1} = aX_n(1 - X_n)$ の a の値により変化する代表的な収束特性（固定点、リミットサイクル、トーラス、カオス）を示しておく。この図は初期値を $X_0 = 0.2$ とし、係数 a の値を変化させたときの収束の様子を示したものである。$a = 2.8$ では固定点のため X_0 が $[0, 1]$ のどの値を初期値としても 1 点に収束する。$a = 3.4$ ではリミットサイクルとなり、X_n は最終的に 2 つの値が繰り返し現れるようになる。$a = 3.5$

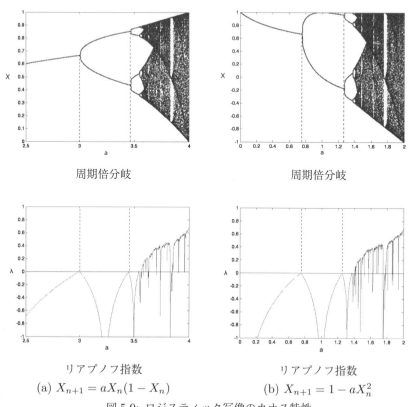

図 5.9: ロジスティック写像のカオス特性

ではトーラスとなり、X_n は 2 か所に集中するが、ある幅をもった周期解となる。さらに、$a = 4.0$ では初期値に関わらず、領域すべての実数値を幅広く出力するカオス状態となる。このように、ロジスティック写像はごく簡単な 2 次関数で係数の値を変えるだけで様々な出力の挙動が得られることから、カオス出力の生成には非常によく用いられている。カオス状態のロジスティックマップは簡易的な乱数発生器としても利用できる。

このように挙動の成す軌道の周期が増加することを「**周期倍分岐**」という。横軸をパラメータ a、縦軸を収束する数値 X_n としてグラフで表示すると、式 (5.5)、式

(5.6) はそれぞれ図 5.9(a)、(b) のようになる。参考までにそれぞれのグラフにおけるリアプノフ指数を計算したものも周期倍分岐のグラフの下に掲載した。この2式の周期倍分岐のグラフを比較すると、非常に似た挙動を示していることが分かる。

図 5.9(a) ではパラメータ a の値が 3.0 を越えたあたりから X_n の値が分岐し、3.4 を越えるとさらに倍に分岐する。また 3.5 を越えたあたりから X_n の領域が変化し、カオス状態が発生しているのが分かる。図 5.9(b) においても、パラメータ a の値が 0.7 を越えたあたりで X_n の値が分岐し、1.2 を越えるとさらに倍に分岐する。1.4 を越えると X_n がカオス状態になる。これより2式の挙動は似ていることが確認できる。また、両方のリャプノフ指数のグラフを見ると、カオス領域に入ってからは正になっており、このことから軌道の乖離度は徐々に広がっていることがわかる。

このカオス領域内では一部で X_n が周期的になっている空白領域がある。この領域は「**カオスの窓**」(windows of chaos) と呼ばれる。一例として、図 5.9(b) のロジスティック写像における周期倍分岐の拡大図を図 5.10 に示す。この「窓」の近辺を拡大してみると、分岐図全体を収縮したようなものが再び現れることがわかる。これは、ロジスティック写像のもつ自己相似性によるものである。さらに、この「窓」を注意深く見ると軌道は2の倍数ではなく3周期状態となっており、これは T.Li と J.Yorke により発見されたカオス発生条件の1つである。また、この3周期状態とカオス状態の境界に位置する領域は「**カオスの縁**」(edge of chaos) とも呼ばれ、周期的

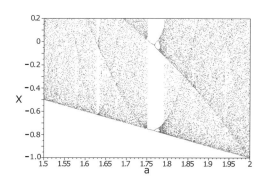

図 5.10: ロジスティック写像 $X_{n+1} = 1 - aX_n^2$ の周期倍分岐の拡大図

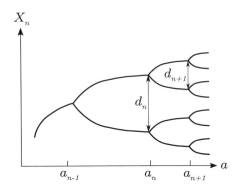

図 5.11: ロジスティック写像のフラクタル性

運動とカオス的運動の境目に高い情報処理能力をもつことが知られている興味深い領域である [66]。

カオスの周期倍分岐図を解析するといくつかの面白い法則性が見出される。例えば、図 5.9(a) を模式化した図 5.11 を考える。2 分岐、4 分岐、8 分岐と進むにつれて $2^n (n = 1, 2, ...)$ 分岐としたとき、n 番分岐の最初の x 座標を a_n とすると、次の $(n + 1)$ 番分岐までの x 軸の距離は $(a_{n+1} - a_n)$ となる。さらに、n 番分岐における次の $(n + 1)$ 番分岐の直前の y 軸方向の最大高さを d_n とすると、これらの値の変化量は n の値に関係なく以下の式のように比率が一定値 (σ, α) となることが知られている。

$$(a_n - a_{n-1})/(a_{n+1} - a_n) = \sigma (一定値) \tag{5.7}$$

$$d_n/d_{n+1} = \alpha (一定値) \tag{5.8}$$

これらの一定値は**ファイゲンバウム定数** (Feigenbaum constant) と呼ばれ、周期 2^n と 2^{n+1} の分岐において、a (横軸) 方向には σ^{-1} 倍、X (縦軸) 方向には α^{-1} 倍に縮小された一定の構造が見られることを示している。このような自己相似的な入れ子構造をフラクタル (fractal) 構造という。これはカオスの重要な自己相似性の一つである。

次にカオスの持つ性質の一つである初期値鋭敏性について見てみよう。式 (5.5) の
パラメータを $a = 4$ として、2 つの初期値 $x_1 = 0.1$、$x_2 = 0.100001$ の 2 種類につい
てグラフ上に挙動の時間発展の様子を図 5.12 に示す。グラフから $t = 12$ あたりまで
は同じ軌道を描いているのに対し、$t = 15$ あたりからわずかな差が時間と共に増大し
ていることがわかる。計算誤差は計算機の精度で定まるがこれは無限の精度の計算過
程において、例えば小数点以下 6 桁目に乱れが加わったことに等しい。

このようなことから、カオスの挙動は微小な乱れである計算誤差の影響を極めて受
けやすいことがわかる。このことは自然現象の中に多く存在するカオスにおいては自
然界にはいつも乱れが存在するため、この小さな乱れを常に受けて系は本来決定論的
法則により定まるはずが、実質的には非決定論的挙動を示してしまうことに相当す
る。すなわち乱れのないカオス系では、原理的には初期値とその写像が与えられれば
どんな先の値も決定することができるが、少しでも乱れがあるとカオスの初期値鋭敏
性により長期的な予測が不可能となることを示している [67]。

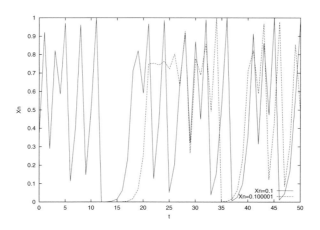

図 5.12: カオスの初期値鋭敏性の例

5.1.8 ローレンツアトラクタ

前節で紹介したロジスティック写像以外にもカオス特性を示す比較的簡単なモデルはいくつか知られている。カオス的振る舞いを示すモデルは、自然界の揺らぎ、天体の挙動、生物系の振る舞い、などから見出されることが多い。例えば、マサチューセッツ工科大学の気象学者でバタフライ効果でも有名な E. N. Lorenz（ローレンツ）は 1963 年に、流体力学における偏微分方程式系から対流の大気変動モデルとして以下のような非線形連立常微分方程式を導いた。

式 (5.9) は**ローレンツモデル**として知られている。ローレンツは、あるパラメータにおいて系が初期値に鋭敏依存することをはじめとして、多くの興味ある系の特性を明らかにした。ローレンツモデルは、3 次元相空間が準周期的でないカオス的振舞いが起こる最も低次元に発現する奇妙な複雑さを示すアトラクタ（**ストレンジアトラクタ**）の例としてしばしば引用される。

$$\begin{cases} \dot{x} = -\sigma(x-y) \\ \dot{y} = Rx - y - xz \\ \dot{z} = xy - Bz \end{cases} \tag{5.9}$$

変数 x, y, z は対流の研究で用いられていた変数に比例しており、対流運動の強度に比例する変数、上昇する流れと下降する流れの温度差に比例する変数、垂直方向の温度の歪みに比例する変数、をそれぞれ示している。σ, R, B は Prasel 数、Rayleigh 数、波数を示す定数である。

連立常微分方程式 (5.9) の解の安定性は、同式を不動点の近傍で線形化し、3 次行列の固有値を求める方法で決定される。方程式の解 $x(t), y(t), z(t)$ に小さな摂動 $x_0(t), y_0(t), z_0(t)$ を重畳すると、これらの摂動は次の線形化された方程式に従う。

$$\frac{d}{dt}\begin{bmatrix} x_0 \\ y_0 \\ z_0 \end{bmatrix} = \begin{bmatrix} -\sigma & \sigma & 0 \\ (R-z) & -1 & -x \\ y & x & -B \end{bmatrix} \begin{bmatrix} x_0 \\ y_0 \\ z_0 \end{bmatrix} \tag{5.10}$$

式 (5.10) の振る舞いは、右辺の 3 行 3 列の行列を A とするとき、以下の特性方程式の根である固有値 λ の性質に依存している。

$$det(A - \lambda I) = 0 \tag{5.11}$$

ここで、I は単位行列である。式 (5.10) の係数である行列 A は時間的に変動するため、x, y, z が定常状態でなければ、この式の一般解は得られない。ローレンツモデルは非線形方程式であるので、解析的な解を求めることは不可能であるが、時間的に一定である定常解であればある程度解析できる。

式 (5.9) は、左辺をゼロと置けば、定常解は $C_0 : \{x = y = z = 0\}$, $C_1 : \{x = y = \sqrt{B(R-1)}, z = R-1\}$, $C_2 : \{x = y = -\sqrt{B(R-1)}, z = R-1\}$ の 3 個存在する。C_0 は対流が起こっていない状態であるのに対して、C_1, C_2 は対流が起こっている状態である。このうち、系に対流が起きていない定常状態 C_0 近傍における解は、式 (5.10) の右辺の行列 A において $x = y = z = 0$ とおき、特性方程式から得られる。このとき $R \leq 1$ は対流が起こらない条件と一致し、$R > 1$ では C_0 は不安定になり、原点の近傍から出発した軌道は時間と共に原点を離れていくことがわかっている。

以下にローレンツモデルにおけるパラメータの値を、それぞれ $\sigma = 10, R = 28, B = 8/3$ としたときの 3 変数 x, y, z を空間的にグラフ化したアトラクタを図 5.13 に示す。ローレンツアトラクタはストレンジアトラクタの一種で、このように 3 次元空間の中で不規則であるが美しい軌跡を描く。この軌跡はどの一点でも交わらないので、永久に不確定な振る舞いを続けるという特徴がある。

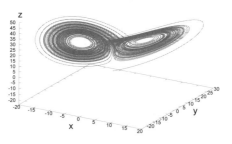

図 5.13: ローレンツアトラクタ

5.1.9 レスラーアトラクタ

前節のローレンツモデルと並んで有名なレスラーモデルについても紹介しておく。1976 年に西ドイツの化学者 O. E. Rössler（レスラー）により提唱された 3 次元連続

時間力学系の一種である。レスラーはローレンツモデルのカオスに影響を受け、ローレンツ方程式よりさらに単純化したカオス方程式を導いた。

カオスが発生するには、連続時間力学系は必ず非線形性かつ 3 変数以上が必要になるが、レスラー方程式は非常に単純な非線形性しか持たない特徴をもつ。**レスラーモデル**は以下のような自励系の 3 変数連立常微分方程式で表される。

$$\begin{cases} \dot{x} &= -y - z \\ \dot{y} &= x + ay \\ \dot{z} &= b + xz - cz \end{cases} \tag{5.12}$$

ここで、t は連続時間（独立変数）で、x, y, z は t の従属変数、a, b, c は定数である。

レスラーにより導入されたパラメータ値（$a = 0.2, b = 0.2, c = 5.7$）のアトラクタは、レスラーアトラクタとして知られている。図 5.1.9 にレスラーアトラクタを示す。レスラーアトラクタもローレンツアトラクタと同様にストレンジアトラクタで、メビウスの帯のように軌道を一度ひねって両端を合わせたような形状が特徴的である。

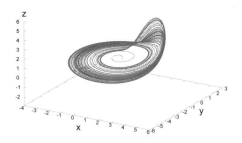

図 5.14: レスラーアトラクタ

5.1.10 決定論的非線形短期予測

決定論的非線形短期予測とは、これまでランダムあるいは規則性のないものと考えられていた事象に何らかの決定論的規則性を見いだし、その近未来の状態を予測しようとするものである。カオスの性質の一つとして長期予測不可能性があるが、これを逆に解釈すると、時系列データからカオスの法則性が見い出せれば、短期的にはある程度の近未来予測が可能な性質をもつということもできる。このカオスの性質を利用

して電力需要予測や天気予報などの予測精度向上への応用も行われており、多くの成果をあげている。

具体的には、観測された時系列データをタケンスの埋め込み定理により、多次元状態空間に再構成し、最新に観測されたデータを含むデータベクトルの近傍ベクトルを用いて局所再構成を行ない、ある時点の観測データからカオスの初期値鋭敏性により、決定論的因果性を失うまでの近未来のデータの短期予測を行なうものである。局所再構成法にはテセレーション法、グラム・シュミットの正規直交化法や局所ファジィ再構成法などがある。以下ではロジスティックマップを用いて、決定論的非線形短期予測における**埋め込み**（embedding）、**局所再構成**（local reconstruction）について簡単に説明する。

タケンスの埋め込み定理

ある時系列データの振る舞いがカオス的であれば、ある決定論的法則に従った軌道を描いていると考えることができる。そこでそれを判断するための手法として、その時系列データを力学系の状態空間とアトラクタに再構成する**タケンスの埋め込み定理** [68] がある。

ここでは、ロジスティック写像を例として説明する。ロジスティック写像はすでに述べたように1次元の差分方程式で構成されるが、この法則が不明なまま系の時系列データを眺めてもランダムにしか見えない。このように、我々が現実世界から観測できるのは、差分方程式のような決定論的法則ではなく、一般には乱数に見える数列である。そこで、ロジスティック写像の出力値をある一定の短い時間間隔でデータをサンプリングし、そのデータ（ベクトル）$X(t) = (y_t, y_{t+1})$ ($0 \leq t \leq n-1$) を2次元空間にプロットすると、何らかの規則性が見出される。まさしくこれはロジスティック写像のグラフに他ならない。これにより元の決定論的法則が再現されていることが分かり、これを**埋め込み**操作という。一例として、ロジスティック写像を時系列データとした時、埋め込み次元 $d = 2$、遅れ時間 $\tau = 1$ で2次元状態空間に埋め込む。これにより得られたベクトルを2次元座標空間にプロットすることにより図 5.15 が得られる。図 5.8(d) と比較するとわかるようにタケンスの埋め込み定理を用いることで、時系列の持つ決定論を位相幾何学的に再現することができる。

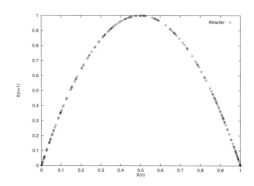

図 5.15: 埋め込みによる決定論的法則の再現

一般には観測された時系列データ $y(t)$ から、ベクトル $X(t) = \{y(t), y(t-\tau), y(t-2\tau), \cdots, y(t-(d-1)\tau)\}$ をつくる。ここで、d は埋め込み次元、τ は遅れ時間である。このベクトルは d 次元再構成状態空間の 1 点を示すことになる。従って、t を変化させることによってこの d 次元再構成状態空間に軌道が描ける。再構成軌道は、d を十分大きくとれば元の決定論的力学系の埋め込みになる。元の力学系の状態空間の次元を m とした時、次元 d が式 (5.13) を満たせばこの力学系の元のアトラクタを再構成された状態空間に位相構造を保存した状態で再現できることが証明されている。また、これは十分条件であってこの式よりも小さな d でも再現できる場合がある。

$$d > 2m + 1 \tag{5.13}$$

局所再構成

埋め込み操作により、再構成された状態空間とアトラクタの軌道に関して、最新に観測された時系列データを含むデータベクトル $Z(t)$ とその近傍データベクトル $X(i)$ の $X(i+s)$ への軌道を用いて、最新に観測された時系列データを含むデータベクトルの近未来の軌道を推定し、s ステップ先のデータベクトル $Z(t+s)$ の予測値 $\tilde{Z}(t+s)$ を求める。これを**局所再構成**という（図 5.16 参照）。さらに $\tilde{Z}(t+s)$ を状態空間を構成する要素に分解し、もとの時系列における最新に観測されたデータ $y(t)$ の s ステップ先のデータ $y(t+s)$ の予測値 $\tilde{y}(t+s)$ を求める。

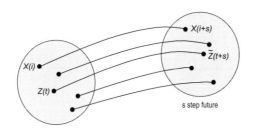

図 5.16: 局所再構成による短期予測

　五百旗頭ら [69] は、与えられた時系列データをタケンスの埋め込み定理により埋め込み、1 日で使われる総電力量や最高気温の予測を高い精度で行うことが可能であることを示した。ここでは埋め込み定理により再構成された状態空間とアトラクタの軌道に関して、局所ファジィ再構成法を用いている。一般に、s ステップ先の近未来が決定論的因果性を失う時間以内であれば、$Z(t)$ から $\tilde{Z}(t+s)$ への状態変化と $X(i)$ から $X(i+s)$ への状態変化とが近似的に等価であると仮定できる。そこで局所ファジィ再構成法では、$Z(t)$ から近い $X(i)$ ほど $Z(t)$ から $\tilde{Z}(t+s)$ への軌道におよぼす影響が大きく、遠いほど影響が小さいと考え、ファジィ推論により予測を行った。これはガス需要、電力需要、上水需要予測などにも実際に適用されており、有効な予測手法であることが知られている。

5.1.11　$1/f$ ゆらぎ

　「ゆらぎ」とは色々な変動の繰り返しのことであるが、変動の繰り返しには自己相似性のフラクタル的な性質を持っている。$1/f$ ゆらぎとは、ある現象を波形として捕らえたとき、その波を周波数分析して得られたパワースペクトル p が周波数 f に反比例しているようなゆらぎ現象を総称したものである [70]。$1/f$ ゆらぎは、自然界でしばしば見ることができ、小川のせせらぎ、ろうそくの炎の揺れ、電車の揺れ、人間の心拍の間隔、風鈴の音などが例として挙げられる。逆に、この現象を人工的に生み出す $1/f$ ゆらぎ扇風機なども一時期ヒット商品になった。このゆらぎにはヒーリング効果があり、人間の交感神経の興奮を抑えて心身ともにリラックスした状態を作る

とされ、またこのゆらぎは規則性と不規則性の中間で確認できるとされている。

1/fゆらぎにおけるf(frequency)はゆらぎの周波数、つまりゆらぎの毎秒当たりの変動の繰り返し回数を表す。従って、1/fは逆数なのでゆらぎの一回当たりの変動に要する周期Tを表す。自然界には風など「ゆらぎ」現象が多く存在するが、このゆらぎの性質としてエネルギーの強さEとそのゆらぎの周波数fとは、以下のような反比例の関係にあると言われている。

$$E \propto 1/f \tag{5.14}$$

例えば風のゆらぎは、風のエネルギーが強いほど一回当たりの変動の時間1/fは大きくなる。つまり、風が強いとゆらぎはゆっくりと変動し、風が弱いとゆらぎは細かく変動する性質がある。このようなゆらぎは人間にとっても心地よいと感じる。そのため、1/fは人間にとってもヒーリング効果を与えるゆらぎであると言われている。

図5.17に1/fゆらぎの周波数とパワースペクトルの関係を表すグラフを示す。この図は波形をフーリエ変換することによって得られた周波数fを横軸にとり、各周波数の大きさ(パワースペクトル)pを縦軸にとったグラフである。なお、このグラフは両対数グラフであるため、反比例の関係は傾きが-1の直線になる。このグラフからわかるように1/fゆらぎを示すグラフは右下がりの直線であり、周波数とパワース

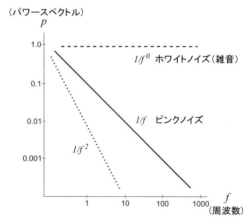

図5.17: 1/fゆらぎの周波数とパワースペクトルの関係

ペクトルが反比例していることを示している。

　ゆらぎをサウンドで説明すると、この直線の傾きが $1/f^2$ ラインのように周波数軸に対して垂直方向に変化するにつれて、その音が単調でランダム性が少なくなる。$1/f^1$ はいわゆるピンクノイズと言われ、$1/f$ ゆらぎそのものとなる。逆に、$1/f^0$ はホワイトノイズと言われ、水平方向に変化すると雑音のようにその音がランダム性が強い複雑なものであることを示す。

5.2　複雑系カオス

　複雑系の定義は容易ではないが、システムの振る舞いが予測不可能で不確定なものとされる。そのため複雑系はカオスとほぼ同じと考えられるが、例えばカオスの辺縁においてカオス的挙動は秩序を持つ平衡状態へシステムを導くものであるが、複雑系は平衡状態から遠ざかる方向へ遷移する。カオスは、決定論的非線形現象に基づいていることが前提条件であったが、複雑系にはそのような条件はつけられない。よって、複雑系はカオス的振る舞いを包含する概念とも言える。以下では、カオス理論の中でも特にシステムの複雑性挙動解析を主とした理論として、**間欠性カオス**と**大規模カオス**について紹介する。

5.2.1　間欠性カオス

　間欠性カオス（intermittency chaos）とは、周期的な変動がしばらく続いた後、突然大きく乱れた状態が現れ、また周期的な状態に戻るという変化を非周期的に繰り返すような特殊なカオスである。5.1.7 節のロジスティック写像でも述べたが、間欠性カオスはカオスの縁 (edge of chaos) と呼ばれる付近で観測され、周期的運動とカオス的運動の両方の特性を内在する複雑な挙動を示すことで知られている。間欠性カオスにおいて、周期的な変動は「ラミナー部」、非周期的（カオス的）な変動は「バースト部」と呼ばれる。ここで紹介する間欠性カオスモデルは、一次元写像力学系で**変形ベルヌーイ写像**と呼ばれる。以下に変形ベルヌーイ写像の式を示す。

$$x(t+1) = \begin{cases} x(t) + 2^{B-1}(1-2e)x(t)^B + e & (0 \leq x(t) \leq 0.5) \\ x(t) - 2^{B-1}(1-2e)(1-x(t))^B - e & (0.5 < x(t) \leq 1.0) \end{cases} \quad (5.15)$$

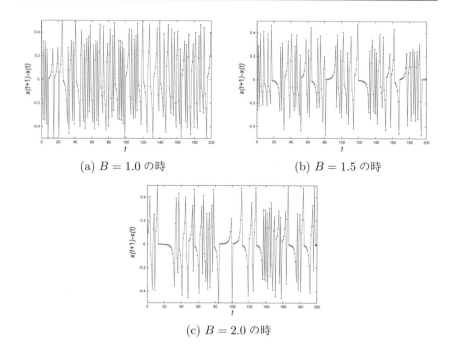

図 5.18: 変形ベルヌーイ系の時系列データ

ここで B はカオス性を表すパラメータ、e は正の微小パラメータである。式 (5.15) におけるパラメータを $B = 1.0, 1.5, 2.0$ とした時の時系列データを図 5.18 に示す。

この写像は $B = 1.0$ のときはベルヌーイ系と呼ばれ、$x(t)$ の変動にランダム的な性質が現れる。B の増大に従い、$x(t)$ の変動に強く影響を与え規則的振動が生じる。図 5.18 は時間の変動とともに $x(t+1) - x(t)$ の変動の様子を観測したもので、B の増大に従って $x(t+1) - x(t) \simeq 0$ の状態の持続時間が長くなり、変動に間欠性が現れる。また、e が小さいほどこの持続時間は長くなる。このグラフからわかるように、パラメータ B が 1.0 に近づくとカオス性が高まりラミナー部がほとんどなくなりバースト部が大部分を占めるようになり、B が 2.0 に近づくと系の軌道は徐々に間欠的になっていく。

この間欠性カオス写像を大域的最適化手法に応用した研究例や移動障害物回避シ

ミュレーションに応用した研究例などもある [71, 72]。この利点として、間欠性カオスのラミナー部とバースト部の共存性により、一見ランダムであるが収束に向かわせる探索ができ、初期値への依存性が少なく、広域的な探索作業が行える。また、間欠的な変動により局所解から逃れることができるという特徴をもつ。

5.2.2 大規模カオス

大規模カオスは金子ら [73, 74] によって提唱されたものであり、差分方程式のように複数のカオス要素をネットワーク状に多数結合させており大規模結合写像とも呼ばれる。これを用いることにより、カオス単体よりも写像全体の挙動を複雑かつ多様化させることが可能となる。複雑系システムには様々な形態のものが存在し、生態系、生物進化、経済活動などの複雑な自由度を有するシステムがある。大規模カオスは、このような複雑系システムのダイナミクスを理解するための一般的な枠組みの一つと考えることができる。

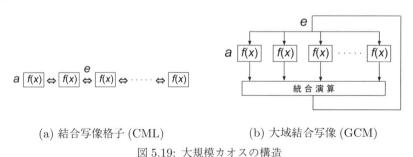

(a) 結合写像格子 (CML)　　　　　(b) 大域結合写像 (GCM)

図 5.19: 大規模カオスの構造

大規模カオスは、カオス要素の結合構造によって**結合写像格子** (CML) と**大域結合写像** (GCM) に大別される。図 5.19 に CML、GCM の結合構造を示す。図中の $f(x)$ は式 (5.6) のロジスティック写像のカオス要素、a は個々のカオス要素の非同期性を高めるパラメータ、e は全体としての同期性を高めるパラメータを示している。

結合写像格子 (CML)

結合写像格子 (Coupled Map Lattice: CML) は、カオス要素を多数並べ、自己と

隣接する要素との相互作用によって状態を遷移させていくモデルである。CML では、ある要素の次の新しい状態は、その要素に隣接した2要素の状態とその要素の状態により決定される。これは、時空カオスを考える上で生まれたモデルで、時空カオスとは時間的にも空間的にも複雑な挙動をなすカオスである。これは気流の乱流現象や対流、心臓などの細胞集団のリズムなどで見られる。

CML において、ある要素の次の新しい状態は、その要素に隣接した2要素の状態とその要素の状態により決定される。つまり、CML における要素間の相互作用は局所的であるといえる。CML の式を以下に示す。

$$x_i(t+1) = [1-e]f(x_i(t)) + \frac{e}{2}[f(x_{i-1}(t)) + f(x_{i+1}(t))] \quad (5.16)$$

ここで $x_i(t)$ は離散時刻 t における要素 i の状態であり、パラメータ e は隣接した要素との結合力を表す。$f(x)$ はカオス的挙動を示す非線形関数であり、式 (5.6) のロジスティック写像 $x_{n+1} = 1 - ax_n^2$ がよく用いられる。

CML の挙動の性質はモデル内の2つのパラメータによって決定される。2つのパラメータの1つは非線形性、カオス性の強さを示す a、もう1つは要素間の結合力を示す e である。図 5.20 に CML のとり得る状態を表した相図を示す。凍結カオスの相では様々な大きさを持ったクラスターに分かれる。このクラスターはアトラクター

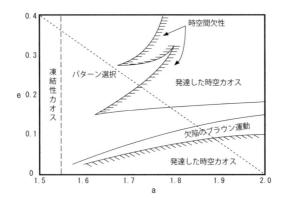

図 5.20: 結合写像格子 CML の相図（文献 [74] より引用）

と考えられるが、初期値を変えるとクラスターが変化することから、多数個のアトラクターが共存していると考えられる。欠陥のブラウン運動の相では、パターン選択が起こる際、クラスター中に欠陥が残り、その欠陥がブラウン運動的に揺らぐ現象である。時空間欠性の相では秩序状態とカオス状態の間を時間および空間を間欠的に遷移する。発達した時空カオスでは、ほとんどの素子がほぼ独立にカオス的に変動しているような状態になっている。

大域結合写像 (GCM)

　大域結合写像 (Globally Coupled Map: GCM) は、基本的な考えは CML と同じであるが、個々のカオス要素の影響が大域的であるという点で CML と異なる。GCM では、ある要素の次の新しい要素は全ての要素の状態の平均とその要素の状態によって決定されるので、各要素はこの大域的なパラメータを通して結合している。これは、1つの非線形要素が、他のどの要素に対しても同程度の強さで相互作用しているという大域的なカオスを考える上で生まれたモデルである。

　このような非線形要素が他の要素に対して大域的に相互作用している系は多く見られる。例として神経のネットワークにおいて、1つ1つの神経細胞に様々な非線形振動があり、それらに大域的な相互作用が存在する。また経済に例えると、株式市場という平均的な市場を通して各企業等が相互作用している状態がこれにあたる。このように GCM はカオス的挙動を示す要素を大域的に結合した簡単なモデルであるが、非常に多くの興味深い特性をもつことが知られている。

　GCM の式を以下に示す。

$$x_i(t+1) = [1-e]f(x_i(t)) + \frac{e}{N}\sum_{j=1}^{N} f(x_j(t)) \tag{5.17}$$

ここで $f(x)$ は結合写像格子と同様に、式 (5.6) のロジスティック写像 $x_{n+1} = 1 - ax_n^2$ が用いられる。N は全要素数である。この結合写像モデルの物理的な性質は、1つはカオス的振る舞いを強める a と、もう1つは全体の結合の強さを与える e の2つのパラメータにより決定される。各要素の初期状態がわずかな差でも初期値鋭敏性により各要素の振動はばらばらになろうとする。一方、全体の平均との結合は各要素の振動を抑えようとする方向に働く。

図 5.21 に GCM のとり得る状態を表した相図を示す。GCM では e が大きければ各要素が同じような軌道をとり（コヒーレント相）、a が大きければ各要素の振動はばらばらな状態（非同期相）になる。またコヒーレント相（同期相）と非同期相の間に秩序相や部分秩序相がある。秩序相は要素の振る舞いが同期することによりいくつかのクラスタに分かれる。部分秩序相は e によって各要素の軌道が共振することによっていくつかのクラスタに分かれ、そろって振動するようになるが、各クラスタごとにその振動の位相、振幅、周期は変わってくる。さらに時間がたつにつれて、各クラスタが崩壊し、また新たなクラスタにわかれていく。

このようにクラスタの秩序状態と崩壊を繰り返すことをカオス的遍歴という。また新たなクラスタを再構築する際に以前同期していた要素同士がまた同じクラスタになるとは限らない。これはカオス結合が多様性を生むことを示している。各要素が完全にばらばらに振動する非同期相では、各要素の運動がランダムな挙動を示しているように見えるが、その全体の平均値には相関が残っていることがわかっている [73]。

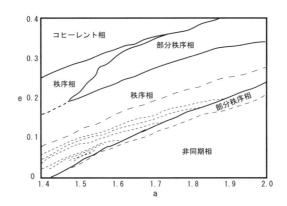

図 5.21: 大域結合写像 GCM の相図（文献 [74] より引用）

5.3 カオス理論の応用事例

本節では、カオス理論、特に複雑系カオスの応用事例として、筆者らの研究室で行われた2つの研究例について紹介する。一つ目は、間欠性カオスのカオス的揺らぎがマルチエージェントロボットのデッドロック回避に有効であることを示すシミュレーション結果について、二つ目は、大規模カオスのパラメータを調整することにより様々なサウンドを生成することが可能なインタラクティブカオスサウンド生成システムについて紹介する。

5.3.1 間欠性カオスによるマルチエージェントロボットの障害物回避

本節では、複数の障害物を回避しながら目標点に向かうマルチエージェントロボットにおいてデッドロック(停留)現象を探索問題における局所最小解(ローカルミニマム)と見立て、これをカオスにより効率的に回避させた研究例について紹介する[75]。この研究では個々のエージェントにおける行動を記述したファジィルールの各パラメータを提案する変形ロジスティック写像を用いて変化させることにより、効率的にデッドロックを回避可能な手法を提案している。本手法のロボットの障害物回避アルゴリズムは、2.3.1節において図2.14で説明したものと同様のモデルを用いている。さらに障害物回避に用いたファジィルールも図2.15とほぼ同様のため、これらの詳細説明については省略する。

ここでは、エージェントが遭遇するデッドロックの状況に応じて後件部シングルトンに与えるカオス的揺らぎに、様々な特徴を持つ変形ロジスティック写像を提案している。これは式(5.18)のように、一般的なロジスティック写像を変形することによって得られたもので、基本的なパラメータ特性などは等しいものであるが、正負の対称的な周期倍分岐を持つ写像である。また元のロジスティック写像の構造もほぼそのまま残した形になっている。

$$x(t+1) = \begin{cases} ax(t)(1-x(t)) & (0.0 \leq x(t) < 0.5) \\ -ax(t)(1-x(t))+1 & (0.5 \leq x(t) \leq 1.0) \end{cases} \quad (5.18)$$

ここで、$x(t)$ は時刻 t における写像の値、a は $(1.0 \leq a \leq 4.0)$ の範囲を取るカオス

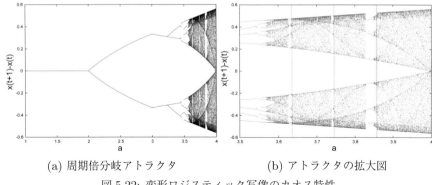

(a) 周期倍分岐アトラクタ (b) アトラクタの拡大図
図 5.22: 変形ロジスティック写像のカオス特性

的挙動を決定するパラメータである。

横軸にパラメータ a、縦軸に $x(t+1) - x(t)$ とした場合の変形ロジスティック写像の周期倍分岐のアトラクタを図 5.22 に示す。一般的なロジスティック写像と同様に、パラメータ a の値が 4.0 に近づくと軌道は徐々にカオス的になっていく。特に縦軸 $x(t+1) - x(t) = 0$ に対して上下対称のアトラクタになっているのが特徴である。

この変形ロジスティック写像にもカオスの窓と呼ばれる部分が存在し、この境界領域にパラメータ a を設定することにより n 周期の秩序状態とカオス状態が間欠的に遍歴する領域、間欠性カオスが存在する。この周期的な運動とカオス的な運動を繰り返す間欠性カオスをエージェントに与える揺らぎとして用いる。図 5.22(a) を横軸 a の $3.5 \leq a \leq 4.0$ 付近で拡大すると、図 5.22(b) のようになっている。ここで、一般に「カオスの縁」[66] と呼ばれる領域を拡大してみると、大きな窓が 3 つ、それぞれパラメータ $a = 3.6356, 3.7453, 3.8575$ の付近が周期的運動とカオス的運動の境目になっており、この値の時に間欠性カオスを発生することがわかる。以下に、$a = 3.6356, 3.7453, 3.8575$ の時の時系列挙動をそれぞれ図 5.23 a)〜c) に示す。

このグラフから、$a = 3.6356$ の時に、出力 $x(t+1) - x(t)$ が周期的な運動に安定している部分 (以下これをラミナー部と呼ぶ) が長く続き (約 $100 \leq t \leq 300, 800 \leq t$ の範囲)、時折カオス的な挙動 (以下これをバースト部と呼ぶ) を示しているのがわかる (約 $300 \leq t \leq 800$ の範囲)。また周期的な挙動を示している時には約 8 周期になっ

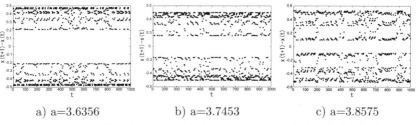

a) a=3.6356　　　　　b) a=3.7453　　　　　c) a=3.8575

図 5.23: 変形ロジスティック写像のカオスの縁における時系列挙動

ており、$x(t+1) - x(t)$ の分布は約 $\pm[0.2, 0.48]$ と狭い範囲になっているのがわかる。$a = 3.7453$ の時にはバースト部が長く続き、合間にラミナー部となっている (約 $500 \leq t \leq 580$ の範囲)。この時の $x(t+1) - x(t)$ の分布は約 $\pm[0.18, 0.5]$ の範囲になっており周期は約 8 周期で、$a = 3.6356$ の時とラミナー部とバースト部の発生時間が入れ替わったような軌道になっているのがわかる。$a = 3.8575$ の時は、ラミナー部とバースト部が t の値が約 200 間隔ぐらいで交互に発生しており、$x(t+1) - x(t)$ の分布は約 $\pm[0.1, 0.53]$ の範囲と広くなっており、周期は約 6 周期になっている。

次に、この間欠性カオスをファジィルールの後件部シングルトンに与えることによって、最適化問題における局所解に例えたデッドロック現象を回避させる。カオス的揺らぎには次式を用いる。

$$F_{label}(t+1) = F_{label}(t) + \alpha\{x(t) - x(t-1)\} \quad (5.19)$$

ここで $F_{label}(t), \alpha, x(t)$ はそれぞれ時刻 t における後件部シングルトンに設定された障害物回避角度、揺らぎ幅、変形ロジスティック写像の出力を表している。

次にこの式 (5.19) におけるパラメータ α や変形ロジスティック写像におけるカオス的挙動を制御するパラメータ a をデッドロック状態に応じて変化させる。デッドロック状態を把握するために、エージェントロボットのセンサエリアにおける最も接近している 2 個までの障害物の数 O_n を判断する機構について考える (図 5.24 参照)。

まず $O_n = 1$ の時、つまり 1 つの障害物でデッドロックの状態になっている時にはパラメータ a をバースト部の発生している時間の長い $a = 3.7453$ の時のカオス的揺らぎを利用する。1 つの障害物でデッドロックの状態になる場合はほとんどの場合、

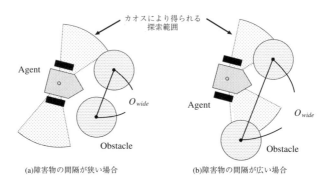

図 5.24: デッドロックに応じた揺らぎ制御

わずかな揺らぎで回避可能な状態が多い。そこでバースト部の長い間欠性カオス、つまり乱数の振る舞いに近い状態を用いることによってデッドロックを回避させる。

次に $O_n = 2$ のデッドロック、つまり 2 つの障害物を検知したデッドロック状態の時には、2 つの障害物の間隔 O_{wide} を計測し、その値によってカオス的揺らぎを変更する。この値 O_{wide} がある一定の間隔 W_D よりも小さい場合、つまり物理的に前進不可能な場合にはパラメータ a をバースト部とラミナー部が短い時間で連続的に変化する $a = 3.6356$ を使用し、バースト部がデッドロック回避に必要な大きな揺らぎの回避角度による回避行動を取り、ラミナー部の安定した揺らぎが出力されている時に通常の障害物回避に近い行動を行なわせる。これら 2 つを短い間隔で繰り返させる。間隔 O_{wide} が大きい場合には、比較的緩やかな間隔で変化する間欠性カオスである $a = 3.8575$ を用いる。間隔 O_{wide} が小さい時とは対称的に、比較的デッドロック回避に必要な回避角度の探索、つまりバースト部の時間は短くてもよいと考えられる。

また、エージェントがどの程度デッドロック状態になっているかを判断するために、ここでは時刻 t におけるエージェントの相対変位ベクトル $\Delta \vec{P_r}(t) (= \vec{P_r}(t) - \vec{P_r}(t-1))$ の累積値を算出し、それにより停留時間を求めて停留（デッドロック）状態を判定する。詳細アルゴリズムについては紙面の都合上割愛する。

変形ロジスティック写像に対して比較シミュレーションを行なうため、式 (5.15) で紹介した変形ベルヌーイ系を用いる。変形ベルヌーイ系は、パラメータ B が 1.0 に

近づくとカオス性が高まりラミナー部がほとんどなくなりバースト部が大部分を占めるようになる (図 5.18 参照)。またパラメータ B が 2.0 に近づくと系の軌道は徐々に間欠的になる。シミュレーションにおける比較手法として、この変形ベルヌーイ系を用いた疑似シミュレーテッドアニーリング法を用いる。具体的にはエージェントロボットは $B = 1.0$ の軌道を用いてデッドロック回避を行ない、デッドロックに停留している時間に応じて徐々にパラメータ B を 2.0 に近づける冷却手法を用いる。

本手法の有効性を検証するため、提案した変形ロジスティック写像に基づいたファジィ障害物回避を行なった場合 (Case1)、変形ベルヌーイ系による疑似シミュレーテッドアニーリングを用いた場合 (Case2)、変形ロジスティック写像の代りに乱数を用いた場合 (Case3) の 3 つのケースでシミュレーションを行ない、集団としてのエージェントの回避性能を比較した。また、それぞれについて障害物の数を 100 から 200 まで変化させた場合の異なる難易度の回避条件を設定して各アルゴリズムによる実験結果を比較、検証した。

表 5.1 に各条件におけるシミュレーション結果を示す。ここで表中の数字はある一定時間内 (Time $\leq$ 2000) に目標エリアまで到達したエージェントのデッドロック停留時間を 10 回のシミュレーションで平均した値である。表中の数字の入っていない部分は 10 回のシミュレーション中の一定時間にゴールできなかったエージェントが存在し、平均値が出なかった結果を示す。

さらに、障害物が 100 個、140 個、200 個の場合のみ、3 手法における累積デッドロック停留時間を比較したグラフを図 5.25 に、実際のシミュレーション環境でエージェントロボットが描いた軌跡を図 5.26 に示す。それぞれの設定条件として障害物

表 5.1: シミュレーション結果

Simulation Case	障害物数によるデッドロック停留時間 (sec)					
	100 個	120 個	140 個	160 個	180 個	200 個
Case 1：変形ロジスティック写像	136.1	226.3	228.9	257.4	288.2	409.3
Case 2：変形ベルヌーイ系	221.2	296.1	296.8	343.5	390.5	-
Case 3：疑似乱数	249.5	654.5	671.4	-	-	-

第 5. 複雑系理論

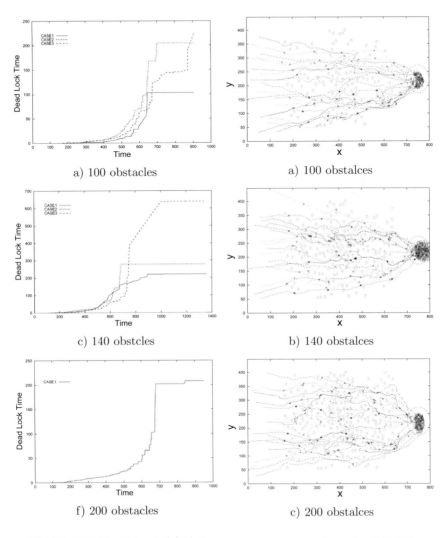

a) 100 obstacles 　　　　　a) 100 obstalces

c) 140 obstcles 　　　　　b) 140 obstalces

f) 200 obstacles 　　　　　c) 200 obstalces

図 5.25: 累積デッドロック停留時間　　図 5.26: エージェントの移動軌跡

の数が 100 から 200 個の時における 10 回のシミュレーションを行ない、その中で各手法における最も良い結果を選び出してグラフにしたものである。図 5.25 は横軸にシミュレーション時間を、縦軸に累積デッドロック停留時間を表しており、停留時間が短いほど良い値を示している。図 5.26 はエージェントロボットの描いた軌道をシミュレーション内における時間で 100 秒毎に印を入れたもので、エージェントロボットの描いた空間的な軌道と時間的な推移がわかるようになっている。

今回のシミュレーション結果より、乱数を用いた場合では他の手法と比べてもデッドロック回避にかなりの時間がかかっていることがわかった。乱数の複雑な揺らぎによりデッドロックの回避行動が一定時間以上続くことが少なかった。また障害物の数が 160 個からシミュレーション内における一定時間内にデッドロック状態のまま目標点へ到達することのできないエージェントが現れた。

次に変形ベルヌーイ系を用いた手法においては乱数とは異なり、図 5.25 からわかるように乱数を用いた手法よりもデッドロック回避にかかった時間が短くなっており、障害物の数も 180 個までのシミュレーション環境においてはすべてのエージェントが目標点に達している。変形ベルヌーイ系の発生する間欠性カオスによりデッドロックを回避するための回避角度の探索、およびラミナー部における通常の障害物回避を適度に繰り返すことによって乱数を用いた場合よりも効率的にデッドロックを回避可能であったと考えられる。

さらに、提案した変形ロジスティック写像を用いたファジィ障害物回避アルゴリズムにおいては、乱数、変形ベルヌーイ系を用いた手法よりもデッドロック停留時間において効率的であることが確認された。変形ロジスティック写像のラミナー部における周期性により、カオスで探索する範囲においてさらに探索点を何点かに絞り込み間欠性を繰り返すことによって変形ベルヌーイ系よりもさらに効率的な探索が可能になったと考えられる。図 5.26 の実際のエージェント行動のグラフを見ると、障害物の数が増えるに従って、デッドロックに陥っているエージェントの数が増加することがわかるが、いずれのエージェントも本手法の間欠性カオスによりデッドロックをうまく脱出している様子が確認できる。

5.3.2 インタラクティブカオスサウンド生成システム

ここでは、大規模カオスのパラメータを調整することにより様々なサウンドを生成することが可能な ICAS(Interactive Chaotic Amusement System) について紹介する [76, 77]。これは同期と非同期を制御できる大規模カオスを用いることで、ユーザが多様なサウンドを自在に生成できるシステムである。

ICAS は大規模カオスの１つである大域結合写像 (GCM) を用いて音高・音長・音量の制御を行いサウンドを生成する。また音楽要素の調整を行うこともでき、大規模カオスの複雑性を生かして多様なサウンドを生成することが可能である。GCM のコントロールパラメータ、音楽要素を身体動作などに基づきユーザ（人間）が操作することによりサウンド生成を行う。図 5.27 に筆者らの研究室で開発した ICAS のイメージ図を示す。ICAS はユーザの指示や動作により作曲の知識などを持たなくても楽しみながら、自在にサウンドを生成できるアミューズメントシステムである。

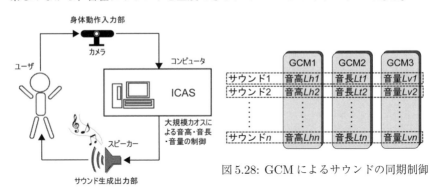

図 5.27: ICAS のイメージ図

図 5.28: GCM によるサウンドの同期制御

ICAS は基本システムである大規模カオスによるサウンド生成出力部とカメラから人間の動きを捉える身体動作入力部から構成されるが、以下ではカオスに関連する部分であるサウンド生成出力部に限定して説明する。図 5.28 は ICAS における GCM によるサウンドの同期制御の仕組みを表した模式図である。音高・音長・音量、それぞれの制御に GCM が独立に組み込まれている。これにより各要素の挙動を個別に

— 162 —

同期・非同期制御ができる。

ICAS のサウンド制御

ICAS には、式 (5.6) と同じく GCM で使用されるカオス要素である以下のロジスティック写像を用いる。

$$f(x_i(t)) = 1 - ax_i^2(t) \quad (i = 1, \cdots, n) \tag{5.20}$$

ここで、a はロジスティック写像のカオス性の強さに関するパラメータを表す。$f(x_i(t))$、$x_i(t)$ は時刻 t における i 番目の要素のロジスティック写像の出力値と GCM で計算された入力値である。本研究における ICAS では初期設定として同時に 4 つのサウンドを生成するように構築されており、カオス要素の総数は $n = 4$ となる。

ICAS では、サウンド制御のための GCM として式 (5.17) を用いると、カオスの状態が一度同期状態に陥ると構成するカオス要素が共振してしまい、非同期状態などに遷移させても要素の挙動が同期状態から脱出できない現象が起こる。この問題を解決するため、あえて GCM の式に微小なノイズを加える。このノイズによりカオス状態が同期状態となっても非同期状態に戻ることができる。ノイズを加えた GCM は以下の式のようになり、ICAS ではこれをサウンドの同期制御に用いている。

$$x_i(t+1) = [1 - e]f(x_i(t)) + \frac{e}{N}\sum_{j=1}^{N} f(x_j(t)) + \eta_n^i \tag{5.21}$$

ここで $x_i(t)$ が状態、$f(x_i(t))$ がロジスティック写像、e が全カオス要素間の結合力、範囲 $[-1, 1]$ からとった一様な乱数 η_n^i がノイズを示す。雑音は $50.0 \times 10^{-6} \pm 49.0 \times 10^{-6}$ の範囲からランダムに選択された値を加算または減算する。

GCM による音高・音長・音量の決定

サウンドは 1 から n 個まで同時に出力が可能である。音高・音長・音量はそれぞれカオス要素であるロジスティック写像により生成される（図 5.29 参照）。例えば音高を例に挙げると、ロジスティック写像は同時に出力されるサウンドの数だけ結合されており、GCM1 により音高の制御が可能である。音長と音量についても同様に結合されており GCM2、GCM3 により制御ができる。

第5. 複雑系理論

(a) GCM1 を用いた音高制御

(b) GCM2 を用いた音長制御

(c) GCM3 を用いた音量制御

図 5.29: GCM によるサウンド制御

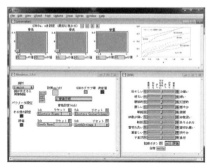

図 5.30: ICAS シミュレータの概観

音高の決定は、GCM1 の出力値を条件分けして音高と関連付けることで変換を行っている。カオス要素であるロジスティック写像の出力を $-1.0 \leq x_n \leq 1.0$ の範囲内に制限し、その範囲を 0.1 刻みで分割して 20 個の区間を作成する。その各区間に C から $G\sharp$ までの音域 (MIDI のノート番号 48～92、ノート番号とは MIDI 内の音高の番号である) を C から順に割り当てる。この時割り当てられる音は調性の種類ごとに異なっている。

音長は、GCM2 の出力値を条件分けして音長と関連付けることで変換を行っている。カオス要素であるロジスティック写像の出力を $-1.0 \leq x_n \leq 1.0$ の範囲内に制限し、この範囲を 0.2：0.4：0.8：0.4：0.2 の区間幅に分割を行い、各区間を音長となる 125：250：500：1000：2000($msec$) に対応させ関連付けする。このような区間幅に分割したのは、$500msec$(四分音符) を基準として最も高い確率になるように設定したためである。

音量の決定は、GCM3 の出力値を条件分けして音量と関連付けることで変換を行っている。カオス要素であるロジスティック写像の出力を $-1.0 \leq x_n \leq 1.0$ の範囲内

に制限し、この範囲を 0.2 : 0.3 : 0.5 : 0.5 : 0.5 の区間幅に分割を行い、各区間を音量となる 0 : 70 : 85 : 100 : 120 [max : 127] に対応させ関連付けする。このような区間幅に分割したのは、小さい音量が聞き取りにくいため比較的大きな音量を中心に出力することにより、サウンドの可聴性を良くするためである。

さらに ICAS では、音高・音長・音量の制御のみではサウンドの多様性が制限されるので、「小節」、「調性」、「休符」、「テンポ」、「エコー」、「音色」などの音楽要素を導入することで生成できるサウンドの多様性向上を図っている。本研究では、Cycling'74 社が開発した音楽用ビジュアルプログラミングツールである Max/MSP 4.6 を用いて、ICAS シミュレータの構築を行った。図 5.30 にシステムの概観を示す。音高・音長・音量の各 GCM パラメータを左上の長方形の操作パネル（横軸 a、縦軸 e）により自由に操作できる。調性、音色、テンポ、エコーにおいても左下の各操作パネルによりユーザが自由に設定できる。またシミュレータ右下のウィンドウにより、感性評価も行うことができるようになっている。

生成サウンドの $1/f$ ゆらぎ分析

本研究では、ICAS により生成したサウンドをロジカルアーツ研究所のゆらぎアナライザーを用いて $1/f$ ゆらぎ分析を行った [78]。本システムを用いると生成サウンドに対し、横軸は周波数の対数、縦軸は周波数ごとのパワースペクトルの対数で特性がグラフ表示できる。また、グラフ内にパワースペクトルの分布を表すことができ、$1/f$ ゆらぎは一般に $1/f^\lambda$ で表現され、最小 2 乗法による直線近似で λ の値（この直線の傾き）を表わせる。λ が 1 に近いほど心地良いゆらぎであり、通常 $1/f$ ゆらぎを有すると言われている λ の範囲は $0.900 \leq \lambda \leq 1.100$ であるとされる。

ICAS の生成サウンドにはどの程度 $1/f$ ゆらぎが存在するのかを調べるために、生成サウンドの $1/f$ ゆらぎ分析を行った。以下の図 5.31 に、同期相 ($a = 1.4, e = 0.4$)、非同期相 ($a = 2.0, e = 0$)、部分秩序相 ($a = 1.8, e = 0.12$)、秩序相 ($a = 1.7, e = 0.2$) の代表的な 4 つの相の生成サウンドの $1/f$ ゆらぎ分析結果を示す。ここで、本分析では音高・音長・音量のカオスパラメータ値は各要素で同一とした。それぞれの図は、4 つの相に対応した生成サウンドの $1/f$ ゆらぎ分析結果の対数グラフである。

図 5.31 からわかるように、カオスパラメータの値によって生成サウンドの $1/f$

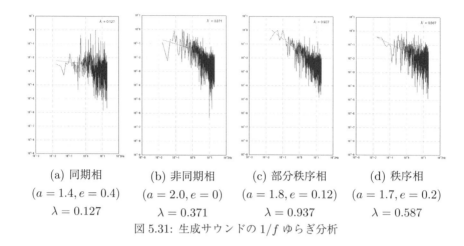

図 5.31: 生成サウンドの $1/f$ ゆらぎ分析

(a) 同期相 $(a=1.4, e=0.4)$ $\lambda = 0.127$
(b) 非同期相 $(a=2.0, e=0)$ $\lambda = 0.371$
(c) 部分秩序相 $(a=1.8, e=0.12)$ $\lambda = 0.937$
(d) 秩序相 $(a=1.7, e=0.2)$ $\lambda = 0.587$

ゆらぎに変化が見られる。特に、部分秩序相では比較的 $1/f$ ゆらぎに近いゆらぎ ($\lambda = 0.937$)、同期相では雑音（ホワイトノイズ）に近いゆらぎ ($\lambda = 0.127$) であることも観測できた。尚、非同期層が $\lambda = 0.371$ で雑音に近いゆらぎである結果になっているが、今回の分析では高周波成分はノイズが多いため分析対象からは除外したが、図 5.31(b) を見ると、高周波成分まで含めた場合には $\lambda > 1$ となっており、単調でランダム性が少ないサウンドであるという結果になる。

以上のことから、秩序層や部分秩序層では同期層や非同期層に比べて、人間にとって心地良い音が生成されていることがわかる。実際、このシステムはカオスによりランダムにサウンドが生成されているわけであるが、秩序層や部分秩序層の音（sound）を聞くと、ときどき音楽（music）のように感じることもあり、同期と非同期が適度に混ざり合ったサウンドが人間にとって聞きなれた音楽に近い印象をもつことで心地良く感じるのではないかと考えられる。

演習問題 5

【5-1】 カオスとランダムについて

カオスとランダム（ランダムネス）は挙動が複雑である点が似通っているため、比較されることが多い。これらの違いについて考察せよ。

【5-2】 $1/f$ ゆらぎの実例

自然界には $1/f$ ゆらぎ現象が多数存在している。日常において見られる $1/f$ ゆらぎ現象を 3 つ以上あげて、それらについて考察せよ。

第 6 章

ハイブリッド手法

　すでに述べたようにファジィ推論は制御分野においてかなり広範に用いられているが、学習機能をもたないため、推論の基本となるファジィルールを作成するためにエキスパート (専門家) の知識を獲得するのは容易ではない。また、ニューラルネットワークや強化学習、遺伝的アルゴリズムには学習機能があるが、プロダクションルールのような知識表現構造をもたないため、大規模な知識を獲得するのは困難である。そこで、複数のソフトコンピューティング手法を組み合わせることにより、それぞれがもつ長所を融合させるハイブリッド手法が数多く考案されている。中でもファジィルールを獲得するためにニューラルネットワークや遺伝的アルゴリズムを利用する方法は比較的古くから提案されている。本章では、それらの中で最も代表的なファジィニューラルネットワーク、ファジィクラシファイアシステム、およびファジィルールによるハイブリッド型探索 GA について紹介する。

6.1　ファジィニューラルネットワーク

　ファジィニューラルネットワーク (Fuzzy Neural Network: FNN) は、1974 年に S.C.Lee ら [79] によって最初に提案され、1980 年代中頃から多くのモデルが提案され盛んに研究されるようになった。ファジィ推論が学習機能を持たないため人手に頼るしかなかったモデル構築を BP 法などのニューラルネットワークを用いることにより自動的にモデルを獲得する手法である。人間の推論ルール (明示的知識) を記述す

る能力に優れたファジィ理論と、学習により目標となる入出力関係（非明示的知識）からモデルを抽出する能力をもつニューラルネットワークの両方の長所を組み合わせた（欠点を補い合った）技術とも言える。

FNN はこれまでに分類も困難なほど多くの手法が提案されてきた。これらについて林と馬野 [80] は融合度を基準に分類を試み、FNN のモデルを以下の 9 種類に分類できるとしている。この分類によると、表 6.1 の上にいくほど融合度が低く、下にいくほど融合度が高いとしている。FNN の応用事例も、画像処理、音声合成、家電制御、プラント制御など様々な分野において数多く報告されている [81]。

表 6.1: ファジィニューラルネットワークの分類（文献 [80] より引用）

(a) ニューロ&ファジィ	対象ごとに個別に配置
(b) ニューロ/ファジィ	並列に配置
(c) ニューロ-ファジィ	直列に配置：NN の出力をファジィルールに入力
(d) ファジィ-ニューロ	直列に配置：ファジィルールの出力を NN に入力
(e) ニューロ的ファジィ	NN 的学習を導入したファジィルール
(f) ファジィ入出力ニューロ	ファジィ集合のメンバーシップ値を入出力とする NN
(g) ファジィ的ニューロ	ファジィルール的構造をもつ NN
(h) ニューロ化ファジィ	一層を NN 化したファジィルール
(i) ファジィ化ニューロ	一層をファジィ化した NN

紙面の都合上、これらをすべて紹介することができないので、以下では最も代表的なニューラルネットワークの一手法である誤差逆伝播法（BP 法）を用いたファジィルールのオートチューニング手法について紹介する。

ファジィルールでは、メンバーシップ関数として三角型、釣鐘型など様々な形状のものが用いられるが、比較的単純な数式で表現できると、ファジィ推論処理における入出力関係がすべて定式化できる。これを用いると、教師信号を与えることにより入出力関係のマッピングを自動的に学習できる BP 法がルール学習に利用できる。例えば式 (6.1) のように、メンバーシップ関数をラジアル基底関数で表現すると μ_1、シグモイド関数の組み合わせで表現すると μ_2 のようになる。ここで、a, a_1, a_2 と b, b_1, b_2 は、それぞれ関数の中心値を決める係数と関数曲線の傾きを決める係数を表す。

$$\begin{array}{rcl}\mu_1(x) & = & exp\{-b\cdot(x-a)^2\} \\ \mu_2(x) & = & \frac{1}{1+exp(-b_1 x+a_1)} - \frac{1}{1+exp(-b_2 x+a_2)}\end{array} \quad (6.1)$$

さらに i を入力変数番号 ($i=1,...,m$)、j をルール番号 ($j=1,...,n$)、x_i を i 番目の入力変数、μ_{ij} を x_i のルール j に対する適合度、w_j をルール j の後件部シングルトンの実数値、y を推論出力とすると、代数積-加算-重心法による簡略化ファジィ推論法で推論した場合、前件部適合度および推論結果は以下のような式で算出される。

$$\begin{array}{rcl}\mu_i & = & \prod \mu_{ij}(x_i) \\ y & = & (\sum_{j=1}^{n}\mu_j \cdot \omega_j)/(\sum_{j=1}^{n}\mu_j)\end{array} \quad (6.2)$$

このルールをニューラルネットワークで学習するのに、例えば最急降下法として代表的な BP 法を用いることをここでは考える。さきほどの推論結果を y_k、教師信号を $\hat{y}_k$ (k はデータ番号) とすれば、出力の二乗誤差は以下の式になる。

$$E_k = \frac{1}{2}(y_k - \hat{y}_k)^2 \quad (6.3)$$

ファジィルールの学習を行うには、この式をチューニングしたいパラメータで偏微分すればよいので、後件部シングルトンの実数値 w_j と前件部メンバーシップ関数 a_{ij}, b_{ij} の更新式はそれぞれ次のようになる。ここで、α, β_a, β_b はそれぞれ学習係数を示す。ファジィルールを学習するための教師信号となる多くの入出力値のペアが与えられれば、これらの式に従って、メンバーシップ関数およびシングルトンを自動的にチューニングすることができる。

$$\begin{array}{rcl}\Delta w_j & = & -\alpha \frac{\partial E_k}{\partial w_j} = -\alpha \frac{\partial E_k}{\partial y_k}\frac{\partial y_k}{\partial w_j} \\ & = & -\alpha(y_k-\hat{y}_k)\mu_j/(\sum_{j=1}^{n}\mu_j)\end{array} \quad (6.4)$$

$$\begin{array}{rcl}\Delta a_{ij} & = & -\beta_a \frac{\partial E_k}{\partial a_{ij}} = -\beta_a \frac{\partial E_k}{\partial y_k}\frac{\partial y_k}{\partial \mu_j}\frac{\partial \mu_j}{\partial \mu_{ij}}\frac{\partial \mu_{ij}}{\partial a_{ij}} \\ & = & 2\beta_a b_{ij}\mu_j(y_k-\hat{y}_k)(x_i-a_{ij})(w_j-y_k)/(\sum_{j=1}^{n}\mu_j)\end{array} \quad (6.5)$$

$$\begin{array}{rcl}\Delta b_{ij} & = & -\beta_b \frac{\partial E_k}{\partial b_{ij}} = -\beta_b \frac{\partial E_k}{\partial y_k}\frac{\partial y_k}{\partial \mu_j}\frac{\partial \mu_j}{\partial \mu_{ij}}\frac{\partial \mu_{ij}}{\partial b_{ij}} \\ & = & 2\beta_b \mu_j(y_k-\hat{y}_k)(x_i-a_{ij})^2(w_j-y_k)/(\sum_{j=1}^{n}\mu_j)\end{array} \quad (6.6)$$

6.2 ファジィクラシファイアシステム

GAとファジィ理論の融合形態として古橋 [82] は、前件部構造同定、後件部構造同定、ファジィ推論の階層構造の決定、ファジィルール表の同定、ファジィルール群の同定、ファジィクラシファイアシステム、GAのパラメータ調整へのファジィルールの適用、の7つの分類を行っている。この中で、最後のGAのパラメータ調整へのファジィルールの適用だけは融合形態が異なっており、GAがメインで遺伝的パラメータの適切な調整にファジィ推論を用いるもので、通常一定のパラメータを用いるSGA (Simple GA) に比べてGAの学習効率を上げ、高速化することが可能である [83, 84]。これ以外の分類のその他はすべてファジィルールのチューニングにGAの学習能力を利用したものである。以下ではこれらの中でも代表的な**ファジィクラシファイアシステム**について紹介する。

まずファジィクラシファイアシステムの紹介の前に、**GAに基づく機械学習** (Genetics-Based Machine Learning: GBML) について説明する必要がある。GBMLとはプロダクションルールの生成において遺伝的アルゴリズム (GA) を用いるもので、GAベースのルール学習システムである。GBMLは図 6.1 のように大別してミシガンアプローチとピッツアプローチに分類される [85]。

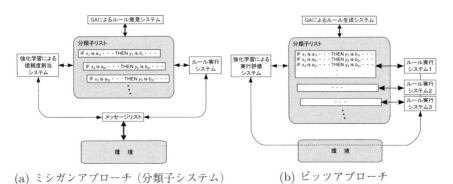

(a) ミシガンアプローチ（分類子システム）　　(b) ピッツアプローチ

図 6.1: GBML のルール表現方法

ミジガンアプローチ

ミジガンアプローチは、1978年にミシガン大学のHollandとReitmanら[86]のグループにより開発され、**分類子システム**(classifier system) とも呼ばれる。これは、分類子 (classifier) としてのIF-THEN形式のプロダクションルールの最小単位を組み合わせるように学習が進む[87]。分類子の集合として一つのルール群ができあがる。分類子システムでは、プロダクションシステムの実行機能の他に強化学習による信頼度割当て機能、遺伝的アルゴリズムによるルール発見機能をもつ。**信頼度割当て**には、競合解消の対象となるルールは一定の税金を支払い、良い結果のもとになったルールには報酬を与えるという**バケツリレーアルゴリズム**(bucket brigade algorithm) とルールの実行履歴を保存しておいて、報酬が与えられた時に履歴に従って過去の実行ルールの信頼度を計算するProfit Sharing法が知られている。

ピッツアプローチ

ピッツアプローチは、1980年にピッツバーグ大学のSmith[88]により提唱され、分類子システムに準ずる手法であるが、ルール群(集合)を一つの個体として扱っているところがミジガンアプローチと異なる。ミジガンアプローチと同様にプロダクションシステムの実行機能の他に、ルール評価機能と遺伝的アルゴリズムによるルール群生成機能をもつ。ピッツアプローチではミジガンアプローチのような複雑な信頼度の計算は不要で、システムが出力した複数のルール群をもとに、与えられた問題に対してどの程度優秀であるかを評価する。ピッツアプローチは、個体の規模が大きいために計算量を要するため収束が遅いという欠点をもつが、最終的に得られるルール群の性能はミシガンアプローチよりも高いと言われている。

遺伝的アルゴリズムとファジィシステムの融合は、一般に上記のピッツアプローチによるものが多い[89]。なぜなら、ファジィ推論は複数のファジィルールが集まって構成されたファジィルール群(集合)をベースに推論操作が行われるため、多数のファジィルールからなるファジィルールベース全体を一つの個体としてコード化するのが比較的扱いやすいためである。一方、**ファジィクラシファイアシステム**(FCS:

Fuzzy Clasifier System）は一般にミシガンアプローチに基づく分類子システムを用いたファジィルールそのものの生成を主に対象としている。

FCS において、n 入力 1 出力のシステムに対する以下のようなファジィルールを考える。ここで、$Strength_k$ は k 番目のルールの強度（重み）を表している。一般に FCS ではファジィルールの前件部と後件部のメンバーシップ関数（ファジィ集合）はあらかじめ与えられていると仮定する場合が多い。

R_k : IF x_1 is A_{k1} and $\cdots$ and x_n is A_{kn} THEN y is B_k with $Strength_k$

各ルールの $Strength$ の値は GA の適応度として学習により最適化される。これ以外は、通常のファジィ推論と全く同様に推論操作が行われる。Valenzuela-Rendon の方法 [90] では、外部入力の前件部への適合度と $Strength$ の積がファジィルールの適合度として用いられる。FCS ではファジィルールそのものがコード化されているので、選択、交叉、突然変異という遺伝的操作により新たなファジィルールが生成される。生成されたファジィルールは現在の個体集団の中で適応度、すなわちルール強度（$Strength$）の低い個体と置き換えられる。

FCS の改良手法として、古橋ら [91] は、従来は 1 入力 1 出力の関数近似にしか FCS が適用されていなかったことに着目して、多入力システムの同定に際して重要となる各ファジィルールへの信頼度割り当ての一手法を示した。従来獲得が困難であった多入力変数間の知識を表現しているファジィルールを発見できる手法を提案し、船の衝突回避操船問題を具体例としたシミュレーションにおいて、操船の成功・失敗のみの報酬により FCS が制御ルールを発見できることを確認している。

また中島ら [92] は、グリッド形式のファジィ分割に基づくファジィ識別システムの構築では、入力変数の増加と共に組合せの爆発が起こり、ファジィルールの数が指数関数的に増加するという問題に注目し、遺伝的アルゴリズムを用いてファジィルールの選択を行うことにより、ファジィ識別システムの設計において識別能力の最大化とルール数の最小化を同時に行う方法を提案した。さらに石渕ら [93] は、このファジィ識別システムに関して、ミシガンアプローチとピッツバーグアプローチの性能比較も行っている。

6.3 ハイブリッド型探索 GA

一般に、GA の遺伝的パラメータ (交叉率・突然変異率など) は一定値であるため、探索初期や収束期には探索性能が上がらないという問題がある。つまり、探索初期には交叉率が高いと多様性が維持できないだけでなく、収束期においては突然変異率が高いと局所探索に悪影響を与えてしまう。本節では、この問題に対する GA の探索性能の改善方法の一つとして、筆者らが提案したファジィ適応型探索 GA(Fuzzy Adaptive Search method for Genetic Algorithm: FASGA) およびその応用手法について紹介する [84, 94]。

6.3.1 ファジィ適応型探索 GA(FASGA)

ファジィ適応型探索 GA(FASGA) のアルゴリズムは、GA の探索ステージに応じて遺伝的パラメータをファジィルールにより適切にチューニングすることで、探索効率のさらなる改善を行う目的で開発された [84]。FASGA での遺伝的パラメータはファジィ推論によりチューニングするため、世代ごとに交叉率、突然変異率は変化する。図 6.2 に FASGA の概略処理フローを示す。適応度関数により各個体の適応度が計算された後、ファジィ推論により探索ステージの評価 (集団評価) がなされ、それに応じて交叉率、突然変異率が適応的に調整される。

FASGA のファジィルールの前件部の入力には、探索ステージを判断するために平均適応度 f_a および最大適応度と平均適応度との差 (f_m-f_a) を用いる。後件部でファジィチューニングを行う対象となるパラメータは、交叉率 r_c、突然変異率 r_m の 2 つである。FASGA では、まず探索初期は交叉率を低く、多様性を持たせるために突然変異率を高くする。逆に収束期には収束を早めるために交叉率を高くし、優れた個体のスキーマが破壊されないように突然変異率を低く設定する。このような「高く」「低く」といったあいまいな表現を定義し、システム設計者のパラメータチューニングに近いファジィルールを記述することで、GA の高速化を図っている。

図 6.3 は FASGA のファジィルールの一例である。推論による探索ステージの判断は、平均適応度が低く (AS)、最大と平均の差が大きい (DL) 場合には、まだ十分には

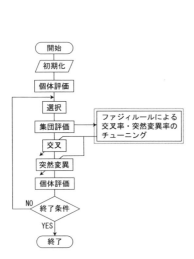

図 6.2: FASGA のアルゴリズムフロー

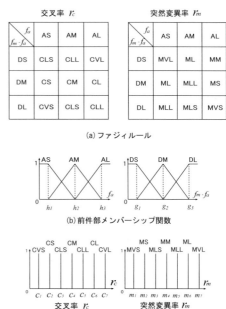

図 6.3: FASGA のファジィルール

探索が進んでいない探索初期と判断し、平均適応度が低く (AS)、最大と平均の差が小さくなった (DS) 場合には、初期収束を起こしていると判断する。そして、平均適応度が高くなり (AL)、最大と平均の差が小さい (DS) 場合は、探索終期と考える。

さらに、ファジィルール後件部の各パラメータについては、交叉率を高くすることは収束を促すことになるため、探索初期では初期収束を避けるために交叉率を低く抑え、逆に探索終期の場合には収束を早めるために高く設定する。突然変異率を高くすることは、多様な個体を生み出すことになるため探索初期では突然変異率を高めにする。初期収束の場合には、局所解からの脱出を図るために突然変異率を最も高い値にする。逆に探索終期では、優良な遺伝子を壊さないように注意深く探索を行う必要があるため低めに設定するが、集団に多様性が残っている (f_{m_i}-f_{a_i} が大きい) 場合には最も低くする。

6.3.2 ファジィ適応型探索並列 GP(FASPGP)

続いて、前述のファジィ適応型探索 GA(FASGA) の考え方を並列 GA(PGA) や遺伝的プログラミング (GP) への応用を試みたファジィ適応型探索並列 GP(Fuzzy Adaptive Search method for Parallel Genetic Programming: FASPGP) について紹介する [94]。FASPGP は、FASGA の考え方を並列 GP (Island GA を用いた GP) に応用することで、高質な個体 (プログラム) を高速で探索することを目指す手法である。FASPGP では、FASGA と同様に各部分集団の遺伝的パラメータ (交叉率、突然変異率) に加え、集団間の個体の移住率、GP 特有の逆位率もファジィルールによりチューニングすることで、集団全体の探索効率の向上を図る。

FASPGP のファジィルールは図 6.3 とほぼ同等であるので、ここではルールマップは割愛する。ファジィルールの前件部の入力は、部分集団 (島番号) i $(i = 1, 2, \cdots, n)$ の平均適応度 f_{a_i} および最大適応度と平均適応度との差 $(f_{m_i}\text{-}f_{a_i})$ を用いる。後件部のチューニングパラメータは、交叉率 r_{c_i}、突然変異率 r_{m_i}、移住率 E_i、逆位率 r_{i_i} の 4 つのファジィラベルが FASGA と同様のファジィルールマップ内に記述される。

本手法では、交叉率と突然変異率のチューニングは FASGA と同じで、さらに逆位率と移住率のチューニングが加わる。移住操作は、ある集団で進化した優良個体を他の集団に移住させることで進化を促進させるために行うので、ここでは移住率は多様性の維持に影響を与えると考え、突然変異率と同様のファジィルールに設定した。さらに逆位は突然変異と同じく 1 個体に対して行われる操作であるため、多様性を促進するパラメータと考え、逆位率も突然変異率と同様のファジィルールに設定した。

FASPGP では、初期世代の個体群を生成し、部分集団に分割して、ファジィ推論により、集団ごとに評価を行った後に移住操作を行う。その後、再び集団評価を求める。これは、移住操作を行ったことで集団内適応度が変化するためである。集団評価の値を用いて各集団内でファジィ推論を行い、交叉率、突然変異率、逆位率をファジィチューニングする。そして、決定された遺伝的パラメータに従い遺伝的操作を行い、進化させる。

6.3.3 人工蟻探索シミュレーション

ファジィ適応型探索手法の有効性を検証するために、GP のベンチマーク問題の一つである人工蟻探索問題シミュレーションを用いて、GP、PGP（並列 GP）、FASPGP の比較が行なわれた。ここでの人工蟻探索問題には、図 6.4 に示したように 89 個の餌が配置された 32×32 マスのグリッドのシミュレーション空間を用いた [95]。図 6.4(a) の問題 1 は、サンタフェトレイルと呼ばれる有名な問題で、餌が比較的一本の経路上に並んでいる単峰性の高い環境である。また図 6.4(b) の問題 2 は、問題 1 に比べて餌の数は同じであるが環境全体に分散しており、比較的多峰性の高い問題を設定した。

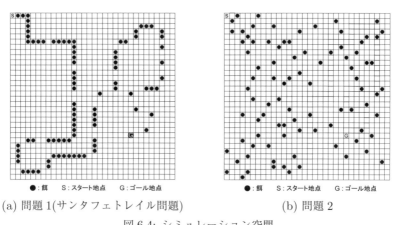

(a) 問題 1(サンタフェトレイル問題)　　　(b) 問題 2

図 6.4: シミュレーション空間

この問題で進化の対象となるのは、人工蟻 (Ant) の行動を制御するプログラムである。Ant の目的は餌を発見しながらゴールまで行き着くことであり、左右への方向転換 (LEFT、RIGHT)、前進 (MOVE) は可能であるが、斜め方向に移動したり、壁を越えることはできない。Ant にはエネルギーが設定されており、行動 (方向転換、前進) をするたびに 1 ずつ消費し、エネルギーが 0 になった場合には、それ以上行動することはできなくなる。また、Ant にはセンサが搭載されており、自分の前方 1 マスに餌があるかどうかが分かるものとする。これらの条件で、Ant はスタート地点から

出発し、より多くの餌を見つけ、ゴールに到着した個体が高い評価値を得る。適応度の値は、発見した餌の数とする。

この問題における非終端 (関数) 記号、終端記号には一般によく使用されるものを用いた [54]。非終端記号には、引数をどのように実行するかが設定される。IF_FOOD_AHEAD は、Ant が向いている方向の前方 1 マスに餌が配置されていた場合、第 1 引数を実行し、そうでない場合には第 2 引数を実行する。PROG2 は 2 つの引数を、第 1・第 2 引数の順に実行する。PROG3 は 3 つの引数を、第 1・第 2・第 3 引数の順に実行する。終端記号には、Ant の動作が設定されている。MOVE は、Ant が向いている方向に 1 マス前進し、LEFT は左に 90 度、RIGHT は右に 90 度方向転換する。LEFT と RIGHT は方向を変えるだけであり、移動はしない。この 6 種類のノードで Ant の行動プログラムは構成される。

表 6.2: シミュレーションのパラメータ設定値

	GP	PGP	FASPGP
世代数	100	100	100
個体数	2000	2000	2000
集団数 N	1	20	20
最大遺伝子長	100	100	100
選択方式	ルーレット選択	ルーレット選択	ルーレット選択
交叉率 r_{c_i}	0.6	0.6	ファジィチューニング
突然変異率 r_{m_i}	0.04	0.04	ファジィチューニング
逆位率 r_{i_i}	0.3	0.3	ファジィチューニング
移住率 r_{e_i}	-	0.4	ファジィチューニング
移住間隔	-	5(世代)	5(世代)
移住方式	-	ランダムリング	ランダムリング

問題 1 と 2 について GP、PGP、FASPGP の性能比較シミュレーションを行なった。今回のシミュレーションで比較する 3 手法は、遺伝的パラメータ (交叉率、突然変異率、逆位率、移住率) 以外のパラメータは同じにしてシミュレーションを行った。3 手法のパラメータの設定値を表 6.2 に示す。シミュレーションは乱数シードの値を変えて 10 回行い、最大適応度と平均適応度の平均を計算した。それぞれの最大適応

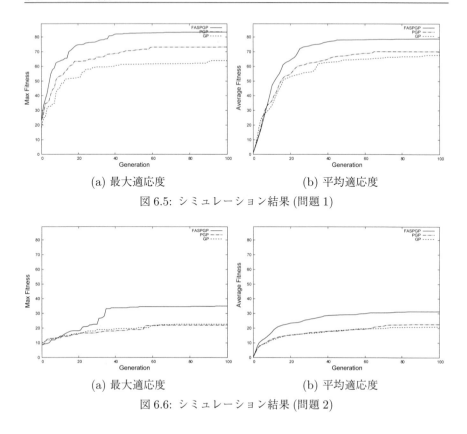

(a) 最大適応度　　　　　　　　　　(b) 平均適応度

図 6.5: シミュレーション結果 (問題 1)

(a) 最大適応度　　　　　　　　　　(b) 平均適応度

図 6.6: シミュレーション結果 (問題 2)

度、平均適応度の結果を図 6.5、図 6.6 に示す。

問題 1 では、探索初期に GP の平均適応度の方が、他の 2 手法よりも早い立ち上がりを見せたものの、最終的には、いずれの個体数でも FASPGP の適応度が最も高くなった。問題 2 では、問題の難易度が上がったため、全体的にどの手法でも問題 1 に比べて適応度が低くなったが、FASPGP は探索中盤以降に大きく適応度を伸ばし、際立って最も良好な結果を示した。参考までに、今回のシミュレーションで得られた、最も適応度が高い個体のプログラムを図 6.7 に示す。

GP は、探索中期からはほとんど適応度が上がらなかった。これは探索初期で十分に多様性を上げることができず、また遺伝的パラメータの値が一定であるために、局

6.3. ハイブリッド型探索 GA

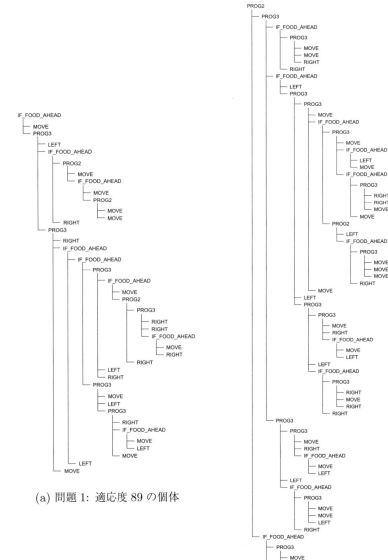

(a) 問題 1: 適応度 89 の個体

(b) 問題 2: 適応度 34 の個体

図 6.7: 最良個体プログラムの例

所解に陥った場合に、そこから脱出するのが困難であるため、初期収束を起こしている可能性が考えられる。PGP も GP よりは並列化した効果によりわずかに高質な解が得られているが、探索中期以降に適応度が上がらないのは GP と同様である。これに対し、FASPGP は探索初期に多様性を上げたことで、探索中期以降では大きく適応度を上げ、結果的に探索性能が大幅に向上していることが分かる。

6.4 ハイブリッド手法の応用事例

本章では、ファジィルールを BP 法や GA で学習する手法、および GA または GP をファジィ推論で探索の効率化を図る手法などについて説明したが、ここではハイブリッド手法の応用事例として、CMAC アルゴリズムを用いて人間の操作特性をファジィルールで獲得した研究例と、状態分割をファジィルールで行い連続的な状態空間で効率良く学習を行う強化学習の研究例について紹介する。

6.4.1 CMAC によるファジィルール学習

3.3.1 節では、移動ロボットのファジィ障害物回避制御に対するオペレータの操作特性学習の事例を紹介したが、これはファジィ推論結果を合成する回避戦略のディジョンテーブルのみを学習したものであった。一般に、オペレータの操作から制御動作などのファジィルール抽出を行う場合、ファジィニューラルネットワーク (FNN) を用いてオンラインで直接ルール抽出を行うと、学習に膨大な時間がかかり、オペレータへの負担が大きくなる。これに対して庄瀬らはオンラインで高速学習が行える**適応学習 CMAC**(AL-CMAC) により数値データの操作特性を獲得し、その後オフラインでこの操作特性から FNN を用いてファジィルールの抽出を行った [96]。

図 6.8 に、本手法で用いたルール抽出手順の概略図を示す。AL-CMAC は CMAC の学習ゲイン g の代わりに適応学習ゲイン g^* と呼ばれる可変ゲインを用いて学習の効率化を図った改良手法である [96]。人間の学習メカニズムでは、終始均一な学習は行っておらず、学習初期に積極的に、収束期では慎重な学習を行っている。これをモデルとしたのが適応学習ゲイン g^* であり、式 (6.7) により算出される。これは、図 3.10 の各分散荷重の各セルごとの発火回数に依存し、分散荷重の更新を行う度に算出

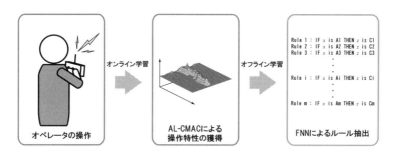

図 6.8: CMAC と FNN による操作特性のルール抽出手順

する。基準学習ゲイン g_s は予め設計者により、設定される初期学習ゲインである。

また、g^* は分散荷重の発火回数から算出される CMAC マップのセル i の平均発火回数 N_i が大きくなると減少する。N_i は、k 番目の分散荷重のセル j の累積発火回数 n_{kj} と分散荷重のマップ数 $|A^*|$ から式 (6.8) で求められ、CMAC マップのセル数と同じ数だけ存在する。このように適応学習ゲイン g^* は、分散荷重の累積発火回数から算出するため、学習回数に応じて減少する。また、発火回数が少ない CMAC マップのセルの学習率をできる限り大きいまま維持し、逆に発火回数が多いセルは学習率を抑えることができる。

$$g^* = g_s/\sqrt{N_i} \tag{6.7}$$

$$N_i = (\sum_{k=1}^{|A^*|} n_{kj})/|A^*| \tag{6.8}$$

次に、オンラインで獲得された CMAC マップから、オペレータの操作知識を獲得するため FNN を用いてファジィルールを抽出する。図 6.9 にメンバーシップ関数のファジィ分割を示す。メンバーシップ関数は、CMAC マップの状態空間の範囲にあわせて設定する。図 6.9 の場合、状態入力が 2 軸の CMAC マップであり、S_1 軸と S_2 軸に n 分割の前件部メンバーシップ関数 A_1 と A_2 が配置されている。

ファジィルール抽出手順は、まず CMAC マップのセル値を教師信号として抽出し、同時に対応する状態入力も抽出する。次に、セルに対応するファジィルールにも

第 6. ハイブリッド手法

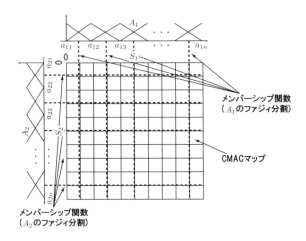

図 6.9: FNN のための CMAC マップのファジィ分割

状態入力を与え、推論結果を取得する。この推論結果と教師信号からメンバーシップ関数の中心値の修正値 Δa_{ij} とシングルトンの修正値 Δw_j を算出し、それぞれの修正を行う。学習の終了条件を満たすまで、この操作を繰り返す。

ここでは、AL-CMAC による操作特性獲得手法の有効性を検証するため、ラジコンカーを用いたバック（後退）でのオペレータの車庫入れの操作特性獲得実験を行った。操作特性獲得実験の概略フローを図 6.10 に示す。ラジコンカーの位置情報を天井カメラで確認したオペレータは、これに基づきステアリング（操舵角）とスロットル（速度）に関してプロポの操作を行う。また、同時にプロポからこれらの操作量の抽出を行い、先に取得した CMAC マップのセル値との差分から分散荷重の修正値を算出し、分散荷重の更新を行う。さらに、この分散荷重の修正を CMAC マップに反映することにより CMAC マップの更新を行う。

図 6.11 に本実験におけるスタートとゴールの位置を示す。CMAC マップの大きさは 62×62 の 3844 セルであり、状態入力には、図 6.11 に示すランドマークの中心に対する車体前部（前部マーカ）までの距離 r と車体の進行方向とのなす方位 θ を用いた。学習対象はオペレータのステアリング操作とスロットル操作であり、教師信号に

- 184 -

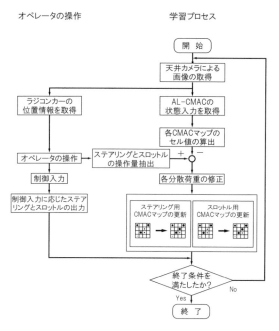

図 6.10: 操作特性獲得実験のアルゴリズムフロー

はラジコンカーの操作デバイスであるプロポより抽出されるステアリングとスロットルの指令電圧値を用いた。本実験における被験者 A はラジコンカーの操作歴が約 3 年の男子大学院生 (熟練者) であり、被験者 B は操作歴が約 6 ヶ月の男子大学生 (初心者) である。オペレータとなった被験者はスタートからゴールまでラジコンカーを後退で車庫入れを 10 回行う。

図 6.12(a)、(b) に本実験で獲得された両被験者のステアリングの CMAC マップを示す。2300(mV) を中心値として、これより大きな値をとると左折を、小さな値をとると右折をしていることを示す。両被験者ともに右折を行った後に、左折を行いゴールに近づいていることがわかるが、被験者 B(初心者) のほうがマップの発火領域が多いことから、被験者 A(熟練者) が 10 回の試行で似た軌道で操作していたのに対して、被験者 B では走行軌跡にばらつきがあったと推測される。また、被験者 A(熟練

第 6. ハイブリッド手法

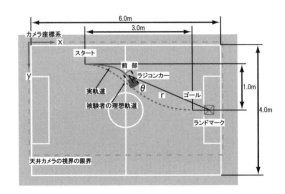

図 6.11: 操作特性獲得実験に用いたコース

者) が右折と左折を距離 $r = 250$(pixel) で切り替えているのに対して、被験者 B(初心者) は距離 $r = 330$(pixel) で切り替えていることがマップから見て取れる。

図 6.12(c)、(d) に本実験で獲得された両被験者のスロットルの CMAC マップを示す。2200(mV) を中心値として、これより大きな値をとると後退方向に加速度を、小さな値をとると前進方向に加速度をかけていることを示す。両被験者ともに全体を通じて後退を行なっていたことがわかるが、ゴール直前で小さな前進操作が見られる。この前進操作は両被験者がゴールで停車させるためのブレーキ操作と推測させる。スタート地点で両被験者のマップを比較すると、被験者 A(熟練者) のほうが被験者 B(初心者) より約 200(mV) ほど大きな値をとっていることから、被験者 A(熟練者) が積極的な発進を行ったのに対して、被験者 B(初心者) は慎重な発進を行ったことが見て取れる。両被験者の各試行ごとにかかった平均時間は、被験者 A(熟練者) が 8.6 秒、被験者 B(初心者) が 12.5 秒と、ゴールに到達する時間が熟練者のほうが平均で約 4 秒ほど早いことがわかり、発進の違いがこの要因の 1 つであると考えられる。

獲得された CMAC マップから、本手法の有効性を検証するため、FNN によるファジィルールの抽出実験を行った。本実験では三角型メンバーシップ関数の中心値 a_{ij} と後件部シングルトン値 w_j のチューニングを行う FNN を用いた。全てのルールに個別のシングルトンを割り当てたため、ステリング (S1〜S100) とスロットル (T1〜

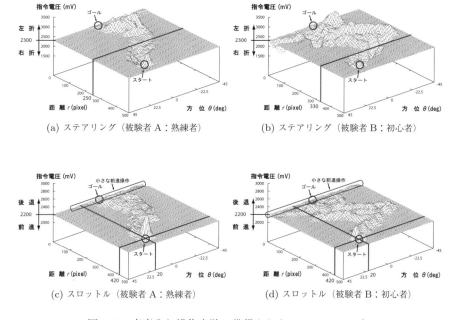

図 6.12: 車庫入れ操作実験で獲得された CMAC マップ

T100) はそれぞれ 100 個のシングルトンとなる。後件部学習の後に前件部学習という順で連続して学習させたが、それぞれある程度収束するよう学習回数は 1000 回と設定した。この後件部学習と前件部学習を何度か繰り返し、最終的に 100000 回の総学習回数を学習終了条件としてファジィルール学習を行った。

図 6.13 に FNN により抽出された両被験者のファジィルールを示す。まず、両被験者のステアリングの抽出されたファジィルールにおいて、右折と左折を切り替えた地点 (被験者 A：$r = 250$(pixel)、被験者 B：$r = 330$(pixel)) をみると、両被験者ともに集中していることがわかる。これは、この地点で、教師信号とした CMAC マップの指令電圧値が急激に変化しているためであると考えられる。また、被験者 A(熟練者) の方位のメンバーシップ関数において、方位 $\theta = 0°$ 付近でも、メンバーシップ関数の中心値が集中しているが、被験者 B(初心者) は集中していない。これより、熟

- 187 -

第6. ハイブリッド手法

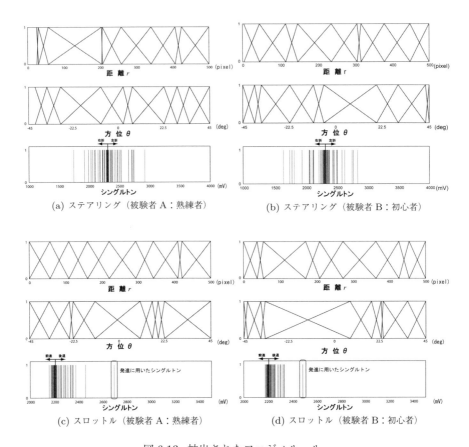

図6.13: 抽出されたファジィルール

練者が車庫入れの最終状態である方位 $\theta = 0°$ 付近で初心者より繊細な操作を行なっていたと推測される。次に、獲得されたシングルトンを比較すると、初心者より熟練者のほうが分布範囲が集中しているため、熟練者は操作幅の小さな効率的な操作を行なっていたことがわかる。

一方、スロットルの抽出されたファジィルールでは、両被験者ともに方位 $\theta = 10°$ 〜22.5° 付近でメンバーシップ関数の中心値がに集中しているのがわかる。このエリ

アにはラジコンカーのスタート地点が含まれ、教師信号とした CMAC マップでは他の地点より大きな指令電圧値を示しているためである。この時、発進に用いたシングルトンを比較すると被験者 A(熟練者) が 2700(mV) 付近に存在するのに対して、被験者 B(初心者) は 2500(mV) に存在する。このことから、熟練者が積極的な発進を行ったのに対して、初心者は慎重な発進を行っていることが見て取れる。また、このシングルトンを除いてシングルトンの分布範囲を比較すると熟練者のほうが範囲が広いことから、全体を通して熟練者のほうがラジコンカーの速度に緩急を入れて操作していたものと考えられる。

このように獲得したファジィルールを見ると、様々なオペレータの特徴を見い出すことができ、初心者と熟練者の操作特性の違いを明確にして説明できるようになる。この手法を用いると、同じ状況における初心者と熟練者の操作の相違が明確になるので、技能の伝承などに利用できる。例えば、初心者の操作トレーニングに熟練者の技能を示して上達を促進するといった利用などが考えられる。

6.4.2 ファジィ状態分割型強化学習

強化学習によるファジィルール学習の手法は特に確立されたものはないが、近年、複雑な環境下で自律移動ロボットが適応的行動を獲得するための強化学習によるルール学習手法がいくつか研究されている。強化学習の場合、教師なし学習のため教師信号や評価関数を与えることができない問題にも適用できる特長があるが、状態変数と行動変数を多く設定すると、状態爆発を起こし、学習時間が異常にかかってしまうという問題がある。ファジィルールは入出力値が離散ではなく連続で表現できるところが特徴でもあるが、強化学習の試行錯誤的探索のためそのままルール学習に強化学習を用いると、複雑な環境で複雑な行動を獲得しようとした場合、制御ルールの学習時間が非現実的になる。

そこで、最近ではこのような問題を解決するため様々な改良案が提案されている。例えば、堀内ら [97] によって提案された連続的な入出力値を扱うことのできるファジィ内挿型 Q-Learning や前田ら [98] らによって提案された滑らかな状態空間を扱うことができ、連続的な状態と行動のペアを学習可能なファジィ状態分割型 Profit

Sharing(以下、FPS と略記) などがある。以下では、FPS の応用例として、強化学習における学習時間の大幅な短縮を行なうために、ファジィ推論を用いて入力状態の次元数を減少させる手法をサッカーロボットに適用した有効性検証シミュレーションについて簡単に紹介する。

まずロボットの行動をサブタスクに分割し、複数の要素行動としてファジィルールを記述する。さらに、これらのサブタスクを状況によって上位の行動選択部で切り替えるが、この行動選択ファジィルールに FPS を用いることによって行動戦略の自動獲得を行なう (図 6.14 参照)。FPS はファジィ状態分割により連続的な状態空間を滑らかに扱うことができ、Profit Sharing の特徴により連続的な行動に対しては効率的に報酬が与えられて学習が進み、環境にマルコフ性が成立しないような実環境でも適用可能である。

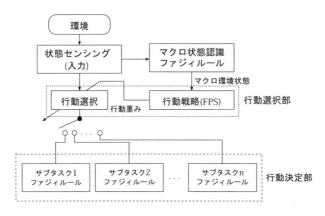

図 6.14: FPS による戦略獲得が可能な階層型ファジィ行動制御

さらに、本手法では強化学習の膨大な学習時間の短縮のため、学習に用いる入力状態をセンサなどから得られる環境状態を直接学習器の入力状態に用いるのではなく、前段でマクロ状態認識ファジィルールを用いてマクロな状態認識を行ない、状態の次元数を減少させている。Profit Sharing 法では、状態と行動の組をルール系列として記憶し、その重み付け (行動重み w_{ik}) を基にルーレット選択により行動選択を行な

う.ここで,入力状態を n 次元として,それぞれの状態をすべて等しい分割数 l とすると状態数は l^n となるため状態次元数が減少すると状態数は激減して学習時間の短縮につながる.

マクロな環境状態認識によって環境からの入力状態を p 次元まで減少させることができたとすると,p 次元連続ベクトル $D = d_1, ..., d_p$ を入力状態として,以下のようなファジィルールにより,サブタスクの行動重み w_{ik} を導出する.

$R_1:$ IF d_1 is B_{11} and ... and d_p is B_{1p} THEN $w_{11}, w_{12}, ..., w_{1m}$

$$\vdots$$

$R_q:$ IF d_1 is B_{q1} and ... and d_p is B_{qp} THEN $w_{q1}, w_{q2}, ..., w_{qm}$

ここで,$B_{ij}(i = 1, ..., q; j = 1, ..., p)$ は状態を表すファジィ集合で状態の数 (ファジィルール数) は全部で q 個存在することになる.また各ファジィルールの後件部シングルトン $w_{ik}(k = 1, ..., m)$ はある状態における行動重みを表しており,行動の数だけ存在する.式 (6.9) により,前件部の適合度 C_i を計算し,これらの重み付け平均により式 (6.10) に従って最終的な推論結果である w_k^* が導出される.w_k^* は下位のサブタスクの行動重みとなる.行動選択はこの w_k^* を用いてルーレット選択により確率的な探索を行なう.

$$C_i = B_{i1}(d_1) \wedge B_{i2}(d_2) \wedge ... \wedge B_{ip}(d_p) \tag{6.9}$$

$$w_k^* = \frac{\sum_{i=1}^{q} C_i \cdot w_{ik}}{\sum_{i=1}^{q} C_i} \tag{6.10}$$

学習開始時はすべての w_{ik} に一定の値を与えているのでどのサブタスクも同一の確率で選択される.その際の状態は全ルールの前件部の適合度で最も大きな値をとったルールを現在の状態,行動は状態遷移を行なった直前の行動が状態を変化させた時の行動と考え,この 2 つの行動と状態の組み合わせをエピソード記憶に蓄えていく.Profit Sharing の基本的なアルゴリズムは 3.2.4 節でも述べたように,式 (3.33) で強化関数が,式 (3.34) で行動の重みが定まる.よって本手法でも同様に,報酬 r が得られた場合,報酬を与えられた時点を 0 ステップと考え,h ステップ前で行動 k を

取ったルールが i 番目の場合、行動重みは式 (6.11)、(6.12) に従い、更新される。式 (6.12) は等比減少関数を示しており、α は学習率、γ は割引率、h は報酬が得られるまでのステップ数を示す。

$$w_{ik} \leftarrow w_{ik} + \alpha f(h) \tag{6.11}$$

$$f(h) = \gamma^h \cdot r \tag{6.12}$$

本手法の有効性を示すためにサッカーロボットのシミュレーション実験を行なった結果が報告されている [99]。問題設定として実際のサッカーの練習で一般に行なわれている 2 対 1 のボールキープトレーニング (ワンツーパス) を対象としている。学習者は 2 台で 1 チームを組み、ボールだけをひたすら追いつづける敵ロボットにボールを取られないように、また、敵がボールを持っているときはボールを奪い取るようにフィールド上を動き回る。本実験ではロボットが以下の 4 つのいずれかの条件を満たした場合、報酬を与えるものとしている。

(1) 危険領域 (障害物までの距離が 50cm 以内に設定) から脱出した時 (回避報酬)
(2) ボールを捕獲した時 (追跡報酬)
(3) パスを出した時 (パス報酬)
(4) パスを受けた時 (レシーブ報酬)

ロボットが基本行動を行なうための行動決定ファジィルールは、表 6.3 に示すように障害物回避、ボール追跡、パス、レシーブの 4 つの要素行動に対して表に記載された入力を用いて簡略化ファジィ推論で記述する。さらに、ロボットの基本行動を促す

表 6.3: 行動決定ファジィルールの入出力変数と状態認識ファジィルール

行動決定ファジィルール		状態認識ファジィルール
観測される環境情報 (入力)	ロボットの基本行動 (出力)	(ルール名)
障害物の相対距離、相対方位	障害物回避	回避度ファジィルール (Da)
ボールの相対距離、相対方位	ボール追跡	追跡度ファジィルール (Dp)
味方ロボットの相対距離、相対方位	ボール出し (パス)	能動協調度ファジィルール (Dca)
ボールの相対距離 味方ロボットの相対距離、相対方位 敵ロボットの相対方位	ボール受け (レシーブ)	受動協調度ファジィルール (Dcp)

表 6.4: 行動重み学習のための行動選択ファジィルール

Dcp	Dca	Da	Dp			DpS			DpM			DpL		
			DaS	DaM	DaL	DaS	DaM	DaL	DaS	DaM	DaL	DaS	DaM	DaL
DcpS	DcaS		Wa1 Wc1 Wp1 Wr1	Wa2 Wc2 Wp2 Wr2	Wa3 Wc3 Wp3 Wr3	⋯⋯⋯⋯⋯						Wa7 Wc7 Wp7 Wr7	Wa8 Wc8 Wp8 Wr8	Wa9 Wc9 Wp9 Wr9
	DcaM		Wa10 Wc10 Wp10 Wr10	Wa11 Wc11 Wp11 Wr11										Wa18 Wc18 Wp18 Wr18
	DcaL		Wa19 Wc19 Wp19 Wr19											Wa27 Wc27 Wp27 Wr27
DcpM	DcaS													
	DcaM													
	DcaL													
DcpL	DcaS													Wa63 Wc63 Wp63 Wr63
	DcaM		Wa64 Wc64 Wp64 Wr64											Wa72 Wc72 Wp72 Wr72
	DcaL		Wa73 Wc73 Wp73 Wr73	Wa74 Wc74 Wp74 Wr74	Wa75 Wc75 Wp75 Wr75	⋯⋯⋯⋯⋯						Wa79 Wc79 Wp79 Wr79	Wa80 Wc80 Wp80 Wr80	Wa81 Wc81 Wp81 Wr81

度合いを表す回避度ファジィルール (Da)、追跡度ファジィルール (Dp)、能動協調度ファジィルール (Dca)、受動協調度ファジィルール (Dcp) の 4 つのマクロ状態認識ファジィルールでマクロ環境状態に落とし、これらを入力として行動選択の際に用いる行動重みを学習する。尚、ここでは紙面の制約上、行動決定ファジィルールとマクロ状態認識ファジィルールについては記載を省略する。

マクロ状態認識ファジィルールにより、FPS に用いる状態次元数が観測状態の 7 つから Da, Dp, Dca, Dcp の 4 つに減少させることができたので、これらを用いて行動重みを決定する。本実験で作成したファジィルールを表 6.4 に示す。行動重みの学習のために用いられた行動選択ファジィルールの前件部、後件部を図 6.15a)、6.15b) に示す。今回、前件部では、Da, Dp, Dca, Dcp をすべて同様に 3 分割したので、状態分割は $3^4 = 81$ 通りとなるが、ファジィ推論により行動重みを決定しているので、各状態の境界領域はなめらかな状態分割となっている。後件部シングルトンでは、障害物回避、ボール追跡、パス、レシーブの 4 つの行動についてそれぞれ前述の 81 通

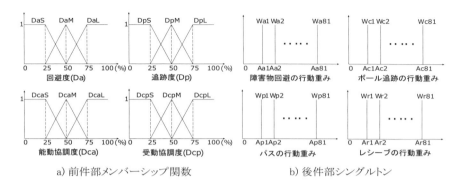

図 6.15: 行動選択ファジィルールのメンバーシップ関数とシングルトン

りの行動重み $(w_{ai}, w_{ci}, w_{pi}, w_{ri};$ i=1,...,81) を定義している。報酬が与えられると、前述の式 (6.11) に従い、更新される。そして学習が進むにつれて、報酬を与えられた行動重みは大きくなり、その状況に適した最適な行動戦略を獲得することができる。

シミュレーションでは本手法の有効性を検証するため、従来の PS 法、状態次元数を減少させない FPS、提案手法である状態次元数を減少させた FPS(前者と区別するため以後 M-FPS と呼ぶ) との比較を行なった。まず、学習時間が短縮されることを評価するため、従来の FPS は M-FPS が観測した 7 つの環境情報を用いて同様のシミュレーションを行ない (FPS7)、次に M-FPS の性能を検証するために FPS に用いる入力状態を M-FPS と同様に 4 つ (各対象物に対する相対方位) 用いた場合 (FPS4) と比較する。PS 法については FPS7 と同様の入力状態 (PS7) を用いた。学習に用いた各パラメータ（詳細については省略）は前述した M-FPS と同様のものを用いた。

本シミュレーションにおいて提案手法の性能を評価したところ、累積ボール保有時間、累積ボール追跡評価、ボール追跡に関係しない累積衝突回数は図 6.16 のようになった。累積ボール追跡評価は、ボールまでの距離が近ければ 1 に、遠くなれば 0 とカウントした累積値を示す。累積保有時間、ボール追跡評価値、ともに提案手法である M-FPS が一番高い値になっており、ボール追跡性能は高いと言える。ボール追跡中は敵ロボットに接近せざるを得ないため多少の衝突は避けられないが、累積衝突回数も他の手法と比較して低く、衝突回避性能も高いことがわかった。

- 194 -

6.4. ハイブリッド手法の応用事例

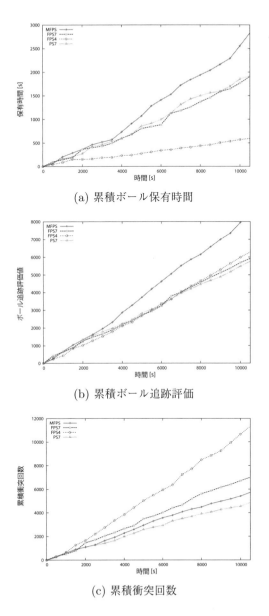

(a) 累積ボール保有時間

(b) 累積ボール追跡評価

(c) 累積衝突回数

図 6.16: サッカーロボットの行動学習シミュレーション結果

演習問題 6

【6-1】NN と GA の探索性能の比較

ハイブリッド手法では、様々なソフトコンピューティング手法を組み合わせることによって、各手法の弱点を補完することができるが、組み合わせる場合においては両方の手法の利点や問題点を十分に理解している必要がある。例えば、学習機能を補完するためにはニューラルネットワークや遺伝的アルゴリズムがよく用いられるが、これらは全く異なる性質をもっている。ニューラルネットワークと遺伝的アルゴリズムの探索性能における特徴について、共通点と相違点、長所と短所に関してわかりやすく説明せよ。さらにそのような違いが生じる理由についても述べよ。

【6-2】ハイブリッド手法の検討

本書で学んだ様々なソフトコンピューティングの各手法における長所を生かして、弱点をお互いに克服（補完）するような組み合わせ手法を検討せよ。

第7章
生物群知能

　群知能 (Swarm Intelligence: SI) とは、自己組織化された自律分散システムに関する知能化技術であり、1989年にBeniら[100]が提唱したもので、セルラーロボットシステムに用いられたのが最初と言われている。進化理論における比較的新しい研究分野で、機械の知能に生物集団の知的な行動パターンや社会性の優れた構造を取り入れてシステムを知能化しようとする試みである。生物は、全体の動きを指示するリーダー的存在がなくても個々に自律的に行動する多くの個体の集団が餌を効率的に獲得したり、天敵から身を守ったり、などといった集団としての秩序や社会性が生まれるとき、それを群知能ということができる。一般に生物集団は自律分散系であるので、個々の個体の行動パターンや制御構造は存在しないが、個体間の局所的な相互作用は集団としてのシステム全体の行動に創発 (emergence) をもたらす。
　以下では、生物群知能に関する進化計算法としてよく用いられる代表的な蟻コロニー最適化 (ACO)、粒子群最適化 (PSO)、差分進化 (DE)、人工蜂コロニー (ABC) の4つのアルゴリズムについて解説する。

7.1 蟻コロニー最適化 (ACO) アルゴリズム

　蟻コロニー最適化 (Ant Colony Optimization: ACO) は、Marco Dorigoら[101]による1990年代に提案されたAnt System(AS)に遡り、生物群知能アルゴリズムの中でも最も古いアルゴリズムの一つである。ACOは、蟻が採餌活動を行なう際に観

察される集団の組織行動を模した最適化手法の一種である。

蟻は採餌活動の際に、他の個体との情報交換の手段としてフェロモン (pheromone) と呼ばれる芳香性の物質を地表に分泌することが観察されている。各個体は、餌を探索する際や巣に持ち帰る際に他の個体が過去に分泌したフェロモンの分布に従って確率的な経路選択を行ない、その結果を再びフェロモンとして地表に分泌する。その結果、多くの蟻が選択した経路はフェロモン濃度が高くなり、さらに多くの蟻をその経路に誘引するという効果がもたらされる。

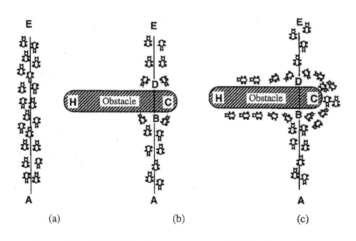

図 7.1: 蟻の行動原理（Ant System：文献 [102] より引用）

まず初めに、ACO の基本となった Ant System について説明する。図 7.1 は Dorigo ら [102] が最初に提案した論文から引用したもので、実際の蟻が 2 点間の短い経路を発見する基本原理の説明図である。図 (a) では最初、A-E 間に蟻の群れの経路が形成される。その後、図 (b) では経路の途中に障害物が置かれ、各蟻はそれを避けて目的地 A や E に行こうとするが、そのためには C 点または H 点を経由しなければならない。C 点のほうが経路長が短くて有利であるが、蟻自身にはその知識がなく、経路選択はランダムに行われる。その後時間が経過した図 (c) では、蟻たちはフェロモンを排出しながら移動しているので、経路の長い H 点よりは経路の短い C 点を経

-198-

由する蟻のほうが通行の頻度が高くなり、フェロモンも濃くなる。それを知った蟻はC点経由を選ぶ頻度が高くなり、C点経由のフェロモン濃度がさらに増加する。加えて、フェロモンは時間とともに蒸発する性質をもっているため、蟻があまり通らなくなったH点経由の経路はフェロモンがさらに減少し、最終的にC点経由の最短経路が確立される。

以下にACOの処理手順を示す。

- Step 1：初期個体の発生
 世代数 $g=1$ に設定して、初期フェロモン情報を全ての経路に付与し、各エージェントの初期位置をランダムに配置する。

- Step 2：確率的な経路選択
 経路選択は、経路に蓄積されているフェロモン情報と先見的なヒューリスティック情報から確率的に決定される。k 番目のエージェントが i から j に移動する経路を選択する確率 $P_{ij}^k(t)$ は以下の式により決定される。

$$P_{ij}^k(t) = \frac{[\tau_{ij}(t)]^\alpha [\eta_{ij}]^\beta}{\sum_{s \in J_i^k}[\tau_{is}(t)]^\alpha [\eta_{is}]^\beta} \tag{7.1}$$

ここで、$\tau_{ij}(t)$ はフェロモン濃度、t は時間、η_{ij} はフェロモン濃度の他に問題から得られる先見的なヒューリスティック情報、α, β は $\tau_{ij}(t)$ と η_{ij} の相対的な重要度を表すパラメータ、J_i^k は時刻 t で状態 i にあるエージェント k が選択することが可能な経路の集合である。

- Step 3：ヒューリスティック情報の算出
 経路の選択においては、より近隣の餌場を選ぶことが好ましいという先験的知識を与えるため、ヒューリスティック情報 η_{ij} は一般的には経路の距離の逆数を使用する。よって、η_{ij} は i, j 間の経路の距離を d_{ij} とすると、以下の式で定義される。

$$\eta_{ij} = \frac{1}{d_{ij}} \tag{7.2}$$

ヒューリスティック情報により、エージェントが経路を選択する時、巡回路の総距離に関係無く、一つ先のより短い経路を選択しようとするようになる。

- Step 4：フェロモン情報の付着

  エージェントは移動と同時に巡回路の各経路にフェロモン情報を付着させる。また付着したフェロモン情報は時間の経過に伴い減少する。ある時刻 t における経路 (i,j) の経路に蓄積されているフェロモン濃度 $\tau_{ij}(t)$ は、時刻 $t+1$ までの間に ρ の割合で蒸発すると同時に、新たに全てのエージェントによって追加される。よって、時刻 $t+1$ におけるフェロモン濃度 $\tau_{ij}(t+1)$ は以下の式により算出される。

$$\tau_{ij}(t+1) = (1-\rho)\cdot\tau_{ij}(t) + \sum_{k=1}^{m}\Delta\tau_{ij}^{k}(t) \tag{7.3}$$

  ここで、m はエージェント数、$\Delta\tau_{ij}^{k}(t)$ は k 番目のエージェントにより追加されるフェロモン濃度である。追加されるフェロモン濃度は、巡回路の総距離が短いほど高い値とするため、以下の式のように総距離の逆数で算出されるものとする。

$$\Delta\tau_{ij}^{k}(t) = \frac{1}{C^{k}} \tag{7.4}$$

  ここで、C^{k} は k 番目のエージェントによって選択された巡回路の総距離である。

- Step 5：終了条件の判定

  終了条件を満足していれば終了する。満たしていない場合は Step 2 に戻る。

ACO では、エージェントが意志決定を行なう時点での各経路の好ましさを蓄積されたフェロモン情報から定量化し、その総和に占める割合として選択確率を定義する。その際、フェロモン情報の他に問題から得られる先見的な情報も考慮する。この先見的な情報はフェロモン情報とは独立に定義されるものであり、解の探索過程において不変な情報となっている。また、フェロモンを時間経過に従って蒸発させることにより、最近の行動により大きな重要度を与え、過去の行動に縛られずに新たな領域を探索できるという利点がある。そのため ACO は、局所解に陥ることを回避しながら大域的な解探索を可能とするアルゴリズムになっている。

7.2 粒子群最適化 (PSO) アルゴリズム

粒子群最適化 (Particle Swarm Optimization: PSO) アルゴリズムは J. Kennedy らにより 1995 年に提唱された群知能アルゴリズムである [103]。PSO は、鳥群や魚群などの群れにおける社会的なモデルを参考にして考え出された確率的最適化手法である。個体（粒子：particle）群が自らの過去の行動と群れの中の最良個体の情報を共有し、それぞれが速度 v と位置 x を更新しながら探索空間を飛び回り最適解の探索を行う。

PSO の個体 i は、位置ベクトル $\bm{x}_i$ と速度ベクトル $\bm{v}_i$ (図 7.2 中の a) で表され、問題空間にランダムに配置されている。各個体は、評価関数によって適応度が計算され、過去の移動経路の中で最良適応度を獲得した位置ベクトル $\bm{x}_{p_i}$ (図 7.2 中の b) を記憶している。さらにこれらの個体が集団を形成し、集団のエリート個体の位置ベクトル $\bm{x}_g$ (図 7.2 中の c) を共有している。そして各個体は、図 7.2 の①,②,③のようなベクトルを持ち、次の状態の速度ベクトルと位置ベクトルを式 (7.5), (7.6) によって決定する。式 (7.5) に含まれる係数 ω は減衰係数である。また c_1, c_2 は調整パラメータで、ϕ_1, ϕ_2 は 0~1 の一様乱数である。

$$\bm{v}_i^{k+1} = \omega \underline{\bm{v}_i^k}_{①} + c_1\phi_1 \underline{(\bm{x}_{p_i} - \bm{x}_i^k)}_{②} + c_2\phi_2 \underline{(\bm{x}_g - \bm{x}_i^k)}_{③} \qquad (7.5)$$

$$\bm{x}_i^{k+1} = \bm{x}_i^k + \bm{v}_i^{k+1} \qquad (7.6)$$

さらに極端な移動を避けるために速度ベクトル $\bm{v}_i^{k+1}$ (k は時間のパラメータ、i はエージェント番号) が区間 $[-V_{max}, V_{max}]$ の範囲内に制限される。これは自分自身の速度ベクトル (現在進んでいる方向) に加え、過去の自分自身が獲得した最良位置ベクトル (自己の最良経験方向) とその時の集団中のエリートがもつベクトル (集団の最良方向) をある重みづけを基に確率的に考慮することによる探索方向の決定アルゴリズムである。基本的に PSO は多様性確保よりは良質解探索を重視した最適化手法で、多峰性問題よりは単峰性問題に向いている。この操作を繰り返すことで、集団内の最良個体を中心に他の個体が移動を繰り返し、問題空間の最適値に収束する。

以下に PSO の処理手順を示す。また、PSO による探索の模式図を図 7.3 に示す。

第 7. 生物群知能

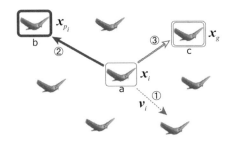

図 7.2: PSO の探索概念図

- Step 1 : 初期個体の発生
  世代数 g=1 に設定し、探索空間内に個体数 N 個分の初期個体とそれぞれの初期速度をランダムに生成する。
- Step 2 : 速度と位置の更新
  各個体の速度 $\bm{v}_i(i=1,2,\ldots,N)$ と位置 $\bm{x}_i(i=1,2,\ldots,N)$ を以下の式を用いて更新する。ここで、i は個体番号、j は変数成分の番号、g は世代数、N は個体数、D は問題の次元数を表している。

$$v_{ij}^{g+1} = w \cdot v_{ij}^{g} + C_1 \cdot rand_{1ij} \cdot (pbest_{ij}^{g} - x_{ij}^{g}) + C_2 \cdot rand_{2ij} \cdot (gbest_{j}^{g} - x_{ij}^{g}) \tag{7.7}$$

$$x_{ij}^{g+1} = x_{ij}^{g} + v_{ij}^{g+1} \tag{7.8}$$

$$(i=1,2,\ldots,N \quad and \quad j=1,2,\ldots,D)$$

式 (7.7)、式 (7.8) において、個体 i の速度を表す $\bm{v}_i = \{v_{i1}, v_{i2}, \ldots, v_{ij}, \ldots, v_{iD}\}$ と個体 i の位置を表す $\bm{x}_i = \{x_{i1}, x_{i2}, \ldots, x_{ij}, \ldots, x_{iD}\}$ は、問題の次元数 D の数の変数成分を持つ実数値ベクトルであり、x_{ij} は、個体番号 i の個体の位置の第 j 番目の変数成分である。$rand$ は 0〜1 までの一様乱数、w、C_1、C_2 は調整パラメータ、$\bm{pbest}_i^g$ はその個体 i が世代数 g までに発見した中での過去の最良個体、$\bm{gbest}^g$ は世代 g における全個体中での最良個体を表す。

— 202 —

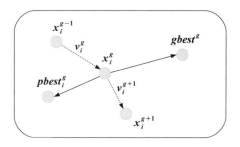

図 7.3: PSO の探索の模式図

- Step 3 : *pbest* と *gbest* の更新

  各個体の過去の最良個体 **pbest** と集団中の最良個体 **gbest** の値を式 (7.9)、式 (7.10) 式を用いて更新する。

$$pbest_i^{g+1} = \begin{cases} x_i^{g+1} & if\ f_{x_i^{g+1}} > f_{pbest_i^g}\ (i=1,2,\ldots,N) \\ pbest_i^g & others \end{cases} \quad (7.9)$$

$$gbest^{g+1} = \begin{cases} pbest_i^{g+1} & if\ f_{pbest_i^{g+1}} > f_{gbest^g}\ (i=1,2,\ldots,N) \\ gbest^g & others \end{cases} \quad (7.10)$$

- Step 4 : 終了条件の判定

  この時点で終了条件を満たしている場合は探索を終了する。満たしていない場合には世代数 $g \leftarrow g+1$ として、Step 2 に戻る。

PSO はアルゴリズムがやや複雑であるので、処理フローを図 7.4 に示しておく。一般に PSO には、C_1 の値が大きい場合には、**pbest** 方向のベクトルが大きくなることから大域的探索性が高くなり、C_2 が大きい場合には、**gbest** 方向のベクトルが大きくなり局所的探索性が高くなるという性質がある。PSO は局所的収束性に優れているため収束速度が早く、単峰性問題に対して特に高い探索性能を持つ。しかしその反面、GA の突然変異のような局所解から脱出する手段を持たないため、多数の局所解を有する多峰性問題の探索を苦手としている。特に多峰性問題に対しては C_2 の値を抑え、C_1 を大きくし大域探索性を高める必要がある。

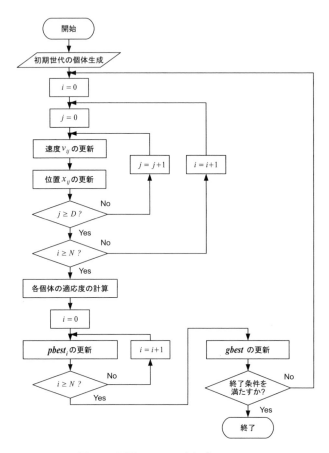

図 7.4: PSO のアルゴリズムフロー

7.3 差分進化 (DE) アルゴリズム

差分進化 (Differential Evolution: DE) は、1995 年に K.Price と R.Stone によって提案された進化的計算手法である [104]。与えられた評価尺度に関する候補解を反復的に改良していき問題を最適化する手法である。DE は関数最適化を目的とした最

適化手法であり、関数近似のベンチマーク問題に対しては、実数値 GA よりも高い探索性能を持つことが確認されている [104, 105]。DE は制御パラメータが探索に与える影響が GA に比べて小さいため、設計者がパラメータの値の調整にかかる負担が少ない。また、探索の処理手順が単純なことから、プログラムの実装が簡単であるため、多くの最適化問題へ適用されている。

DE の遺伝的オペレータは GA と同様に、突然変異、交叉、選択の 3 つである。最初の個体が基本ベクトル (base vector) となり、残りの個体対が num 個の差分ベクトルとなる。差分ベクトルは F (scaling factor) が乗算され基本ベクトルに加えることにより、変異ベクトル (mutant vector) が生成される。変異ベクトルと親が交叉し、CR (crossover rate) により指定された確率で親の遺伝子を変異ベクトルの要素で置換することにより、子 (trial vector) が生成される。最後に、生存者選択として、子が親よりも良ければ、親を子で置換する。

DE には幾つかの形式があり、DE/$base$/num/$cross$ という記法で表現される。"$base$" は基本ベクトルとなる個体の選択方法を指定する。例えば、DE/rand/num/$cross$ は基本ベクトルのための個体を集団からランダムに選択し、DE/best/num/$cross$ は集団の最良個体を選択する。"num" は差分ベクトルの個数を指定する。"$cross$" は子を生成するために使用する交叉方法を指定する。例えば、DE/$base$/num/bin は一定の確率で遺伝子を交換する二項交叉 (binomial crossover) を用い、DE/$base$/num/exp は指数関数的に減少する確率で遺伝子を交換する指数交叉 (exponential crossover) を用いる。以下では、最良個体選択、差分ベクトル数 1 ($num = 1$)、二項交叉とした DE/best/1/bin を例として説明する。

以下に DE の処理手順および遺伝的オペレータについて説明する。

- Step 1 : 初期個体の発生
  世代数 g=1 として、設定した個体数分の個体をランダムに生成し、初期集団とする。
- Step 2 : 差分突然変異
  差分突然変異は DE の探索のメインとなる遺伝的オペレータである。まず、差分突然変異を適用する個体 $\boldsymbol{x}_i (i = 1, 2, \ldots, N)$ に対し式 (7.11) を用いて、

変異ベクトル (mutant vector)$v_i (i = 1, 2, \ldots, N)$ を生成する。個体 $x_i = \{x_{i1}, x_{i2}, \ldots, x_{ij}, \ldots, x_{iD}\}$ と変異ベクトル $v_i = \{v_{i1}, v_{i2}, \ldots, v_{ij}, \ldots, v_{iD}\}$ はどちらも問題の次元数 D の変数成分を持つ実数値ベクトルであり、x_{ij} は個体 i の第 j 番目の変数成分を表している。

$$v_i^g = x_{r_1,i}^g + F \cdot (x_{r_2,i}^g - x_{r_3,i}^g) \quad (i = 1, 2, \ldots, N) \tag{7.11}$$

i は個体番号、g は世代数、N は個体数、$x_{r_1,i}$、$x_{r_2,i}$、$x_{r_3,i}$ は x_i の変異ベクトルを作るために用いる個体であり、全個体の中からそれぞれランダムに選ばれ、基本ベクトル (base vector) と呼ばれる。この時、x_i、$x_{r_1,i}$、$x_{r_2,i}$、$x_{r_3,i}$ はすべて異なるものとする。F はスケーリング係数と呼ばれる制御パラメータ ($0 < F < 2$) である。

F の値が大きい場合、式 (7.11) の右辺第 2 項の基本ベクトル間の差分が大きくなるため、大域的探索性が強まる。これとは逆に F が小さい場合は、差分突然変異による局所的探索性が強まることになる。ただし探索が進み収束していくとともに、個体間の差分が小さくなっていくことから、差分突然変異の探索は自然に収束期に適した局所的探索に移行していくように調節される。

- Step 3：二項交叉

次に、差分突然変異で作り出した変異ベクトル v_i と x_i を二項交叉させ、トライアルベクトル (trial vector)u_i を生成する。トライアルベクトルは次ステップの選択にて、現状維持でない新たな個体候補を生成するものであり、x_i、v_i と同じく実数値ベクトルである。二項交叉は、DE で差分突然変異の補助的なものとして用いられる遺伝的オペレータであり、GA の交叉のように二個体間で交叉率に基づき個体の要素を交換する。二項交叉は式 (7.12) で表される。

$$u_{ij}^g = \begin{cases} v_{ij}^g & if \ r_{ij}^g \leq CR \ \ or \ \ j = j_r \ (j = 1, 2, \ldots, D) \\ x_{ij}^g & others \end{cases} \tag{7.12}$$

この式の r は 0～1 までの一様乱数、CR は交叉率、j_r は問題の次元数 D の中からランダムに選ばれた次元番号である。二項交叉は、GA の交叉手法の一つである一様交叉と同様に、個体の各要素それぞれに交叉率を用いて交叉するかどうかを決定するが、次元番号 $j=j_r$ となった場合にも交叉を行う。そのた

め、交叉率が 0 の場合でも交叉が行われることがあり、トライアルベクトルの要素が変化する可能性は一様交叉の場合よりも高い。

- Step 4 : グリーディ選択

  最後に式 (7.13) のように、個体 $\boldsymbol{x}_i$ とトライアルベクトル $\boldsymbol{u}_i$ でグリーディ選択を行う。

$$\boldsymbol{x}_i^g = \begin{cases} \boldsymbol{u}_i^g & if\ f_{u_i^g} > f_{x_i^g} \\ \boldsymbol{x}_i^g & others \end{cases} \tag{7.13}$$

トライアルベクトルの適応度が元の個体の適応度を上回った場合のみ、元の個体をトライアルベクトルで置き換える。このようにグリーディ選択では、適応度の上昇がみられた場合に限り個体を更新することにより、世代を重ねるごとに集団内の適応度を高めていきやすい。

- Step 5 : 終了条件の判定

  この時点で終了条件を満たしている場合は探索を終了する。満たしていない場合には世代数 $g \leftarrow g+1$ として、Step 2 に戻る。

7.4　人工蜂コロニー (ABC) アルゴリズム

人工蜂コロニー (Artificial Bee Colony: ABC) アルゴリズムは、2005 年に Dervis Karaboga らにより関数最適化を目的として提案された群知能アルゴリズムである [106]。ABC アルゴリズムは、蜜蜂の群れの採餌行動から着想を得ており、蜜蜂群が環境の中からより高質な餌を効率的に発見する際の協調行動を、三種類の探索オペレータによって模擬した探索手法となっている。ABC アルゴリズムは多峰性問題、高次元問題に対しても局所的最適解に陥りにくい性質を持つため、優良解を獲得する性能に優れている。

自然界の蜜蜂は、群れで巣 (コロニー) を形成し、巣の維持に必要な餌場を集団で探索し、餌を巣に持ち帰るという習性を持っている。採餌行動を取る蜜蜂群は三種類に分かれており、まず働き蜂が自らが担当している餌場に飛んで行き、餌場の状態を視察する。その後、働き蜂は巣に帰り、巣の中で待機していた見物蜂に自分が視察した餌場の餌の質や量、距離などの情報をダンスで知らせる。見物蜂は働き蜂達が持ち

帰った情報を総合的に評価し、最も効率的に餌を集められる餌場に向かい、餌の採取を行う。また、担当していた餌場の餌が減少し、枯渇したと判断した働き蜂は餌場を放棄し、広範囲を飛び回りながら新たな餌場を探索する偵察蜂に変化する。このような協調行動により蜜蜂は、質が高い餌場から集中的に餌を採取し、質が下がり枯渇した餌場を切り捨て新しい餌場を見つけるという効率的な採餌行動を行っている。

ABCアルゴリズムでは、餌場を最適化問題の解候補 (個体) とし、働き蜂 (employed bee)、見物蜂 (onlooker bee)、偵察蜂 (scout bee) の三種類の蜜蜂の働きを探索処理に用いる。まず働き蜂が担当する個体の近傍を探索し、次に見物蜂が適応度が高い優良な個体を選択し、集中的な探索を行う。そして、偵察蜂が枯渇した個体を放棄し、新しい個体に置き換える。このように、三種類の探索処理を用いることで、局所探索と大域探索を組み合わせた効率的な探索を行う。

ABCアルゴリズムは、以下の手順で個体の探索および更新を行う。

- Step 1 : 初期化
  世代数 $g=1$ として、問題の定義域内に初期個体をランダムに生成する。個体数を N とする時、働き蜂の数 N_e と見物蜂の数 N_o は $N_e = N_o = N$ となる。各個体の $TC_i = 0 (i$ は個体番号) に設定する。TC_i は各個体が働き蜂と見物蜂の探索によって更新されなかった回数を表し、偵察蜂の探索で用いられる。

- Step 2 : employed bee(働き蜂) による探索
  働き蜂の探索では、各個体につき一回ずつ式 (7.14) を用いて、全ての個体 x_i $(i = 1, 2, \ldots, N)$ に対して、ランダムに選択された一つの変数成分を更新した更新候補個体 v_i $(i = 1, 2, \ldots, N)$ を生成する。この時、$x_i = \{x_{i1}, x_{i2}, \ldots, x_{ij}, \ldots, x_{iD}\}$ と $v_i = \{v_{i1}, v_{i2}, \ldots, v_{ij}, \ldots, v_{iD}\}$ は共に問題の次元数 D の数の変数成分を持つ実数値ベクトルであり、x_{ij} は個体番号 i の第 j 番目の変数成分を表している。

  次に式 (7.15) より、x_i と v_i でグリーディ選択 (適応度が高い一方を次世代に残す選択方法) を行い、個体を更新する。図 7.5 に式 (7.14) での探索の模式図を示す。

$$v_{ik}^g = x_{ik}^g + \phi_{ik}^g(x_{ik}^g - x_{mk}^g) \quad (i = 1, 2, \ldots, N; \ m = 1, 2, \ldots, N) \quad (7.14)$$

$$\bm{x}_i^g = \begin{cases} \bm{v}_i^g & if \ f_{v_i^g} > f_{x_i^g} \ then \ TC_i = 0 \\ \bm{x}_i^g & others \ then \ TC_i = TC_i + 1 \end{cases} \quad (7.15)$$

ここで、i は個体番号、k は問題の次元数 D からランダムに一つ選ばれた変数成分の番号である。m は i 以外の個体番号であり、$m = i \pm 1$ となる。g は世代数、ϕ は -1〜1 までの一様乱数、f_i は個体 i の適応度を表している。

働き蜂の探索は、より優良な近傍個体との中間体を生成する処理であり、全ての個体を均一に一度ずつ探索する。これは全個体の中から特に適応度が上がりやすい個体を調べるためであり、働き蜂の探索は、Step2 の見物蜂の探索の準備段階にあたると考えられる。

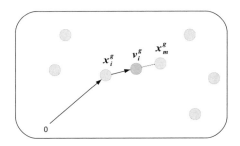

図 7.5: 働き蜂の探索の模式図

- Step 3：onlooker bee(見物蜂) による探索

見物蜂の探索では、まず式 (7.16) を用いて働き蜂での探索後の各個体の相対価値確率 P_i^g (i:個体番号、g:世代数) を算出する。相対価値確率とは、全個体中での相対的な個体の適応度の大きさを表すものであり、これが大きい個体は集団の中で良好な解であることを意味している。

$$P_i^g = \frac{f_i^g}{\sum_{n=1}^{N} f_n^g} \quad (7.16)$$

各個体の P_i^g の大きさに基づきルーレット選択を行い、選択された個体の式 (7.14)、(7.15) を用いて探索および更新を行う。P_i^g が大きい個体ほどルーレット選択で選ばれやすくなる。このように見物蜂の探索では、適応度が高い優良な個体に絞った集中した探索を行い、適応度を大きく上昇させる。

- Step 4：scout bee(偵察蜂) による探索

  偵察蜂の探索では、次式のように TC_i があるパラメータ $limit$ の値以上の個体に対して、再初期化処理を行う。式 (7.14) で探索しても適応度が一向に上がらない悪質な個体を再初期化することで、集団の個体の多様性を高める。Karavoga らの研究によると、問題の次元数を D、個体数を N とする時、$limit$ は $N \cdot D$ が最適な値とされている。

$$x_{ij} = x_{min} + r_{ij}^g(x_{max} - x_{min}) \quad (7.17)$$
$$if \quad TC_i \geq limit \quad (i = 1, 2, \ldots, N \text{ and } j = 1, 2, \ldots, D)$$

  この式において、x_{max} は探索空間の定義域の最大値、x_{min} は定義域の最小値、r は 0~1 までの一様乱数を表す。偵察蜂の探索により再初期化処理を受けた個体 i の TC_i の値は、0 に初期化される。

- Step 5：最良個体の更新

  その世代の探索により得られた最良個体の適応度が、その前世代までの最良個体の適応度を上回った場合には、最良個体を式 (7.18) により更新する。

$$\boldsymbol{x}_{best} = \begin{cases} \boldsymbol{x}_{best}^g & if \ f_{x_{best}^g} > f_{x_{best}} \\ \boldsymbol{x}_{best} & others \end{cases} \quad (7.18)$$

  ここで、$\boldsymbol{x}_{best}$ は前世代までの最良個体、$\boldsymbol{x}_{best}^g$ は世代 g での最良個体を表す。

- Step 6：終了条件の判定

  終了条件を満たしている場合、探索を終了する。満たしていない場合、$g \leftarrow g+1$ として Step 2 に戻る。

ABC アルゴリズムは複雑であるため処理フローを図 7.6 に示しておく。初期個体を生成した後、各個体ごとに問題の次元数 D よりランダムに一つの次元 k を選び、働き蜂 (employed bee) による探索を行う。次に各個体の適応度を算出し、その値を元にルーレット選択を行い、N_o 個の個体を選び出す。ルーレット選択により選ばれた各個体のランダムな一つの次元 k に対して、見物蜂 (onlooker bee) による探索を行う。その後、TC_i の値が $limit$ よりも大きい個体に対して、偵察蜂 (scout bee) による探索を行い、更新が行われていない個体を新しく置き換える。最後に終了条件を満たしているかの判定を行う。

7.4. 人工蜂コロニー (ABC) アルゴリズム

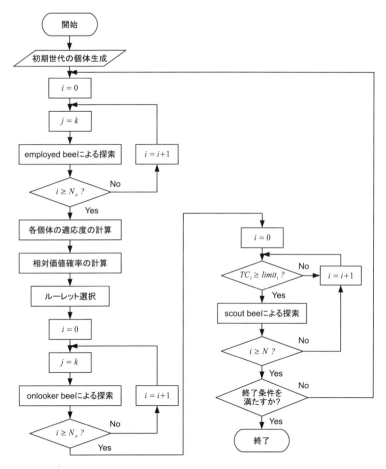

図 7.6: ABC アルゴリズムのアルゴリズムフロー

7.5 生物群知能の応用事例

生物集団はシステムとして考えると、高い適応力を持ち、ノイズに強く、拡張性があると言われている。ロボットやシステム制御の分野では、古くからマルチエージェントや自律分散システムとして研究が進められていた。これとは別に人工知能や進化計算の分野でも、生物の知能や集団行動が見直され、システムに群れが知能を創発する仕組みを組み込む研究が盛んになっている。このような生物集団の知性を模倣した群知能アルゴリズムは、欧米では軍事用制御技術、宇宙用探査技術、通信ネットワーク技術などに応用する研究が試みられている。しかしながら、まだ応用例は少なく、学習アルゴリズムや最適化手法の理論的研究が先行しているのが現状である。

そこで本節では、非線形多峰性問題、特に高次元な問題において高い探索性能を持ち、局所的最適解に陥りにくく優良解を獲得する性能に優れている ABC アルゴリズムを取り上げ、筆者らが提案した性能改善を図る改良アルゴリズム [107] について説明する。ここでは ABC アルゴリズムの長所である、様々な性質の問題に対しても局所的最適解に陥らずに優良解を獲得しやすいという性質を失わずに、GA における交叉演算を取り入れた算術交叉型 ABC アルゴリズム (AC-ABC)、および GA における突然変異の要素を加えて探索性能を高めた大域探索型 ABC アルゴリズム (GS-ABC) について他の生物群知能アルゴリズムとの性能比較結果も含めて紹介する。

7.5.1 AC-ABC アルゴリズム

ここでは ABC アルゴリズムに交叉演算の収束性能を組み合わせることで探索速度を高めた算術交叉型 ABC アルゴリズム (Arithmetic Crossover based ABC algorithm: AC-ABC) について紹介する。算術交叉 [108] は、実数値であることを生かした交叉の一手法で、実数値 GA は一点交叉や多点交叉と比較して高い一様性をもつ遺伝子交換が可能である。この交叉手法では、2 つの個体ペア A, B から、内分パラメータ $\lambda \in [0,1]$ に従って式 (7.19) のように、子個体 A', B' を新しく生成する。

$$A' = \lambda A + (1-\lambda)B \\ B' = \lambda B + (1-\lambda)A \tag{7.19}$$

算術交叉では子個体は親個体同士を結んだ線分上に生成されるため、単純に変数を交換する一点交叉のような交叉手法とは異なり、実数値空間の構造に適した探索を行うことが可能である。

AC-ABC では、onlooker bee による探索の代わりに算術交叉を用いることで、複数の次元に渡る探索を行い、探索を加速させる。onlooker bee の探索における式 (7.14) の代わりに本手法で用いる算術交叉を式 (7.21) に示す。

$$v_{ij}^g = \begin{cases} \lambda x_{ij}^g + (1-\lambda) y_{ij}^g & if \ r_{ij}^g \leq CR \\ x_{ij}^g & others \end{cases} \quad (7.20)$$
$$(i = 1, 2, \ldots, N; \ j = 1, 2, \ldots, D)$$

y_{ij}^g は x_{ij}^g と共にルーレット選択により選ばれた個体、λ は内分パラメータ ($0 \leq \lambda \leq 1$)、r は 0~1 までの一様乱数、CR は交叉率を表す。個体の位置の更新には、オリジナルと同様の式 (7.15) を用いる。

7.5.2 GS-ABC アルゴリズム

次に、ABC アルゴリズムに GA における突然変異のような確率的探索処理を加えて探索性能を高めた大域探索型 ABC アルゴリズム (Global Search type Artificial Bee Colony algorithm: GS-ABC) について説明する。GS-ABC では探索速度を高めるため、一個体に対して一度に複数の次元に渡って探索を行う。AC-ABC のように算術交叉を用いるのではなく、GA の突然変異率に類似する働きを持つパラメータ α を働き蜂と見物蜂の探索に導入する。GS-ABC の働き蜂と見物蜂の探索では、式 (7.14) の代わりに式 (7.22) を用いる。

ABC アルゴリズムでは一度に一つの変数をランダムに選択し、その変数に対してのみ探索を行うが、GS-ABC では個体の全ての変数に対して式 (7.22) と式 (7.15) を適用して探索および個体の置き換えを行う。この時、各変数は確率 α で探索処理を適用する変数に選ばれることになる。

$$v_{ij}^g = \begin{cases} x_{ij}^g + \phi_{ij}^g (x_{ij}^g - x_{mj}^g) & if \ r_{ij}^g \leq \alpha \\ x_{ij}^g & others \end{cases} \quad (7.21)$$
$$(i = 1, 2, \ldots, N; \ j = 1, 2, \ldots, D)$$

この式において、すべてのパラメータは ABC アルゴリズムと同様で、r は $0\sim1$ までの一様乱数、α は $0.0\sim1.0$ の探索パラメータである。

GS-ABC が従来の ABC アルゴリズムと異なる点は、パラメータである確率 α の大きさに従って、探索対象となる個体の複数の変数を選択して探索を行う点のみである。このため AC-ABC のように、算術交叉により収束性を強制的に高めたことによる多様性の低下が避けられ、優良解を獲得しやすいという ABC アルゴリズムの探索の長所は失われにくいと考えられる。

7.5.3 関数最適化シミュレーション

前述の AC-ABC と GS-ABC を用いて関数最適化シミュレーションにより他の生物群知能のアルゴリズムと比較検証を行った。シミュレーションの対象問題として、進化計算手法の探索性能を検証するため関数最適化問題のベンチマークとしてよく用いられる Sphere 関数、Rastrigin 関数、Rosenbrock 関数、Griewank 関数、Alpine 関数、2^nminima 関数、の 6 種類の関数を用いて、遺伝的アルゴリズム (GA)、差分進化法 (DE)、粒子群最適化 (PSO)、ABC アルゴリズム、AC-ABC、GS-ABC の比較シミュレーションを行った。

関数近似シミュレーションに用いた各関数の式 (7.22)〜式 (7.22) を 2 次元 ($n = 2$) の場合の概観図とともに次頁に示す。また、これらのベンチマーク関数の特徴をまとめた一覧表を表 7.1 に、シミュレーションで用いられた各手法におけるパラメータ設定値を表 7.2 に示す。

表 7.1: ベンチマーク関数の特徴

関数名	単峰性/多峰性	設定変数間の依存関係
Sphere 関数	単峰性	なし
Rastrigin 関数	強い多峰性	なし
Rosenbrock 関数	単峰性	あり
Griewank 関数	強い多峰性	あり
Alpine 関数	弱い多峰性	なし
$2^n minima$ 関数	弱い多峰性	なし

Sphere 関数　　　$(-5.0 \leq x_i < 5.0)$

$$F_{Sphere}(x) = \sum_{i=1}^{n} \left(x_i^2\right)$$

最適解：$\min(F_{Sphere}(x)) = F(0, 0, \ldots, 0) = 0$

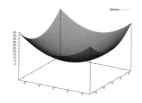

Rastrigin 関数　　　$(-5.0 \leq x_i < 5.0)$

$$F_{Rastrigin}(x) = 10n + \sum_{i=1}^{n} \left(x_i^2 - 10\cos(2\pi x_i)\right)$$

最適解：$min(F_{Rastrigin}(x)) = F(0, 0, \ldots, 0) = 0$

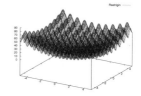

Rosenbrock 関数　　　$(-5.0 \leq x_i < 10.0)$

$$F_{Rosenbrock}(x) = \sum_{i=1}^{n-1} \left(100(x_{i+1} - x_i^2)^2 + (1 - x_i)^2\right)$$

最適解：$min(F_{Rosenbrock}(x)) = F(1, 1, \ldots, 1) = 0$

Griewank 関数　　　$(-600.0 \leq x_i < 600.0)$

$$F_{Griewank}(x) = 1 + \frac{1}{4000}\sum_{i=1}^{n}\left(x_i^2\right) - \prod_{i=1}^{n}\left(\frac{x_i}{\sqrt{i}}\right)$$

最適解：$min(F_{Griewank}(x)) = F(0, 0, \ldots, 0) = 0$

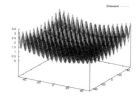

Alpine 関数　　　$(-10.0 \leq x_i < 10.0)$

$$F_{Alpine}(x) = \sum_{i=1}^{n} \left|x_i \sin(x_i) + 0.1 x_i\right|$$

最適解：$min(F_{Alpine}(x)) = F(0, 0, \ldots, 0) = 0$

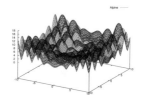

2^nminima 関数　　　$(-5.0 \leq x_i < 5.0)$

$$F_{2^n minima}(x) = \sum_{i=1}^{n}\left(x_i^4 - 16x_i^2 + 5x_i\right)$$

最適解：$min(F_{2^n minima}(x)) \approx F(-2.90, \ldots, -2.90) \approx -78n$

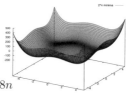

表7.2: シミュレーションのパラメータ設定値

	GA	DE	PSO	ABC	AC-ABC	GS-ABC
世代数	500	500	500	500	500	500
個体数 N	100	100	100	100	100	100
次元数 D	20,40,60	20,40,60	20,40,60	20,40,60	20,40,60	20,40,60
遺伝子長	800	-	-	-	-	-
選択方式	roulette	-	-	-	-	-
交叉率	0.6	0.6	-	-	0.1	-
突然変異率	0.001	-	-	-	-	-
F	-	0.3	-	-	-	-
減衰係数 ω	-	-	0.6	-	-	-
C_1	-	-	0.8	-	-	-
C_2	-	-	1.0	-	-	-
$limit$	-	-	-	$N \cdot D$	$N \cdot D$	$N \cdot D$
λ	-	-	-	-	0.1	-
α	-	-	-	-	-	0.7

　GA、DE、PSO、ABC、AC-ABC、GS-ABC アルゴリズムを用いて行った関数の最適化シミュレーションの結果を図 7.7 に示す。ここでは、紙面の都合上、各関数における 40 次元のシミュレーション結果のみを示す。グラフの横軸は世代数、縦軸は乱数シードを変更して行った 20 試行の最大適応度の平均値である。また、グラフの最大適応度の値は、0.0～1.0 に正規化したものであり、1.0 が最適解の適応度を表している。

　シミュレーション結果から、GS-ABC は、問題の性質を問わず非常に高い収束性能を持っていることが分かる。GS-ABC が ABC アルゴリズムと比較して大幅に収束性能が高まった要因としては、探索パラメータによって一回に多数の次元を探索対象に選択しており、一回に一つの次元のみに絞った探索を行う ABC アルゴリズムの数十世代分に相当する探索処理を一世代に圧縮して行っていることが考えられる。AC-ABC は、GS-ABC に次ぐ高い探索性能を示し、多峰性関数でより良好な結果が得られることが分かった一方で、Rosenbrock 関数に対しての性能は ABC アルゴリズムに比べて下がる結果となった。これは、GA の交叉手法を組み込んだことで、

GA が持つ探索特性の欠点も内包してしまったことが原因と考えられる。

本シミュレーションでは AC-ABC と GS-ABC の 2 つの提案手法で従来の ABC アルゴリズムと比べて圧倒的に優れた探索性能が確認されたが、探索世代数だけではなく実際に探索に要した時間を比較することも重要である。そこで、ABC アルゴリズム、AC-ABC、GS-ABC で最適解に到達する世代数とそれまでに要する実時間を比較してみた。ここでは最適解を適応度 0.99999 以上 (Rosenbrock 関数のみ適応度 0.99 以上) とし、最大世代数を 5000 世代、それ以外のパラメータは表 7.2 と同じ設定とした。シミュレーションに使用した PC の CPU は Intel Core i3 であり、プログラミング言語は Ruby のバージョン 1.9.2(64bit 版) を用いた。

表 7.3 は、各手法での最適解に到達した世代数と到達するまでの実時間をまとめた

表 7.3: 各手法における最適解の到達世代と所要時間の比較

関数	次元	到達世代			所要時間 (sec)		
		ABC	AC-ABC	GS-ABC	ABC	AC-ABC	GS-ABC
Sphere	20	126	107	7	1.85	1.69	0.19
	40	433	217	6	12.56	6.48	0.31
	60	467	337	10	15.18	13.24	0.79
Rastrigin	20	500	265	29	8.2	4.73	0.93
	40	1388	915	31	45.57	31.67	1.99
	60	2119	1161	33	103.16	59.31	3.29
Rosenbrock	20	1137	1932	116	20.24	35.47	3.93
	40	2566	-	317	90.01	-	22.05
	60	4441	-	361	204.27	-	38.86
Griewank	20	530	259	40	9.66	4.93	1.58
	40	843	510	38	29.56	23.59	3.04
	60	1113	584	68	51.98	25.5	5.07
Alpine	20	773	357	49	12.21	5.96	1.62
	40	1841	624	60	54.65	19.97	4.02
	60	2962	867	73	116.7	38.06	7.62
2^nminima	20	156	91	10	2.73	2.2	0.38
	40	487	207	12	15.3	6.7	0.93
	60	764	334	14	33.85	18.85	1.7

第 7. 生物群知能

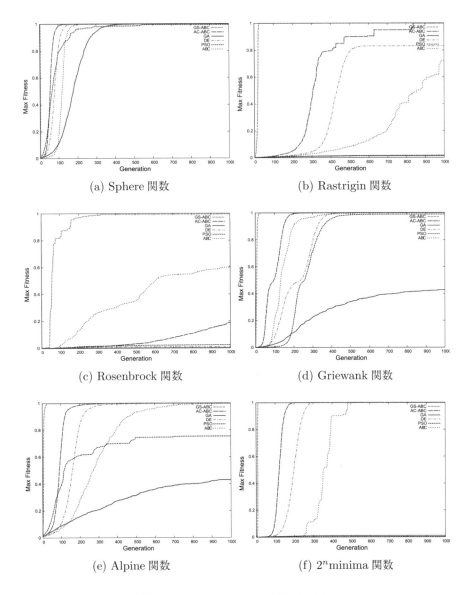

(a) Sphere 関数 (b) Rastrigin 関数

(c) Rosenbrock 関数 (d) Griewank 関数

(e) Alpine 関数 (f) 2^nminima 関数

図 7.7: シミュレーション結果 (40 次元)

結果である。AC-ABC は ABC アルゴリズムと比較して、最適解に到達するまでの平均世代数は約 44%、平均所要時間は約 42% 減少する結果となった (AC-ABC が最適解に到達しなかった Rosenbrock 関数の 40 次元、60 次元の結果を除く)。AC-ABC が ABC アルゴリズムと比較して減少させた世代数と所要時間の比率はほぼ同じとなっていることから、一世代に要する計算時間に大きな差がないことがわかる。一方、GS-ABC は、最適解までの平均世代数では約 94%、平均所要時間では約 88% を ABC アルゴリズムと比較して減少させる結果を示した。

結果を総合すると、GS-ABC は全ての関数において世代数と所要時間の両方で従来手法を圧倒的に上回る結果となった。GS-ABC も AC-ABC と同様に、高次元の場合により大きな差が見られたことから、複数の次元に渡る探索による収束性能の向上が、高次元問題になるほど強く現れることが分かった。GS-ABC では、一世代当たりの処理に ABC アルゴリズムよりも長い時間を要するが、非常に少ない世代数で最適解に到達するため、結果的にシミュレーション時間を大幅に削減することができたと考えられる。全ての問題のシミュレーション結果で所要時間を大きく減少させたことは、計算コストが大きく関係する実問題に対して有効であることを示している。

演習問題 7

【7-1】創発現象の実例

単純なプログラム（要素）の集合からなっている系で、他の要素全てに指示を出す要素は存在せず、システム全体の挙動を決定するルールは保持していないが、それぞれの要素はその置かれた局所的環境でどのように反応するかの定義を持っているとする。このとき、局所的な複数の相互作用が複雑に組織化することで、個別の要素の振る舞いからは予測できないような複雑な挙動を示すシステムが生み出される現象を創発 (emergence) と呼ぶ。

生命などの自然現象のみならず、人間などにより人工的に形成された集団や社会にもこのような創発現象で溢れている。自然界または社会現象における創発と考えられる現象を3つ以上あげて、それぞれについてなぜ創発現象と言えるのかを説明せよ。

参考文献

[1] L.A.Zadeh, "ソフトコンピューティング," 日本ファジィ学会誌, Vol.7, No.2, pp.262-269 (1995)

[2] L.A.Zadeh, "Fuzzy Sets," Information and Control, Vol.8, pp.338-353 (1965)

[3] L.A.Zadeh, "Fuzzy Algorithms," Information and Control, Vol.12, pp.94-102 (1968)

[4] E.H.Mamdani, "Applications of Fuzzy Algorithms for Control of Simple Dynamic Plant," Proc. of IEE, Vol.121, No.12, pp.1585-1588 (1974)

[5] 菅野道夫, ファジィ制御, 日刊工業新聞社, pp.76-84 (1988)

[6] 市橋秀友, 田中英夫, "PIDとFUZZYのハイブリッド型コントローラ," 第4回ファジィシステムシンポジウム, pp.97-102 (1988)

[7] 前田幹夫, 村上周太, "ファジィ制御とその応用," システム/制御/情報, Vol.34, No.5, pp.282-287 (1990)

[8] 水本雅晴, "ファジィ制御の改善法 IV (代数積・加算・重心法による場合)," 第6回ファジィシステムシンポジウム, pp.9-13 (1990)

[9] 前田陽一郎, 竹垣盛一, "ファジィ推論を用いた移動ロボットの動的障害物回避制御," 日本ロボット学会誌, Vol.6, No.6, pp.50-54 (1988)

[10] 松浦孝康, 前田陽一郎, "大規模カオスを用いたマルチエージェントロボットのデッドロック回避," 第16回日本ロボット学会学術講演会, 1, pp.351-352 (1998)

[11] W.Shimizuhira, K.Fujii and Y.Maeda, "Fuzzy Behavior Control for Au-

tonomous Mobile Robot in Dynamic Environment with Multiple Omnidirectional Vision System," Proc. of IEEE/RSJ International Conference on Intelligent Robots and Systems (IROS 2004), pp.3412-3417 (2004)

[12] W.S.McCulloch and W.Pitts, "A Logical Calculus of the Ideas Immanent in Nervous Activity," Bulletin of Mathematical Biophysics, Vol.5, pp.115-133 (1943)

[13] J.J.Hopfield, "Neural networks and physical systems with emergent collective computational abilities," Proc. of the National Academy of Sciences of the United States of America, Vol.79, pp.2554-2558 (1982)

[14] D.H.Ackley, G.E.Hinton, T.J.Sejnowski, "A Learning Algorithm for Boltzmann Machines," Cognitive Science, 9, pp.147-169 (1985)

[15] F.Rosenblatt, "The Perceptron: A Probabilistic Model for Information Storage and Organization in the Brain," Psychological Review, Vol.65, No.6, pp.386-408 (1958)

[16] D.E.Rumelhart, G.E.Hinton and R.J.Williams, "Learning Reperesentations by Back-propagating Errors," Nature, Vol.323, No.9, pp.533-536 (1986)

[17] S.Kirkpatrick, C.D.Gelatt, and M.P.Vecchi, "Optimization by Simulated Annealing," Science, 220, pp.671-680 (1983)

[18] K.Funahashi, "On the approximate realization of continuous mapping by neural network," Neural Networks, Vol.2, pp.183-192 (1989)

[19] J.S.Albus, "New Approach to Manipulator Control: The Cerebellar Model Articulation Controller (CMAC)," Transactions of the ASME Journal of Dynamic Systems, Measurement, and Control, pp.220-227 (1975)

[20] J.S.Albus, Brains, Behavior and Robotics, McGraw-Hill (1981) 小杉, 他訳, ロボティックス, 啓学出版 (1984)

[21] T.Kohonen, "Self-Organized Formation of Topologically Correct Feature Maps," Biological Cybernetics, 43, pp.59-69 (1982)

[22] 伊藤正博, 三好力, 増山博, "トーラス状自己組織化マップの学習とその特徴," 第16回ファジィシステムシンポジウム, Vol.16, pp.373-374 (2000)

[23] Y.LeCun, Y.Bengio, and G.Hinton, "Deep learning," Nature, Vol.521, pp.436-444 (2015)

[24] G.E.Hinton and R.R.Salakhutdinov, "Reducing the Dimensionality of Data with Neural Networks," Science, 313, pp.504-507 (2006)

[25] B.Y.D.H.Hubel, and A.D.T.N.Wiesel, "Receptive fields, binocular interaction and functional architecture in the cats visual cortex," The Journal of physiology, Vol.160, pp.106-154 (1962)

[26] K.Fukushima, and S.Miyake, "Neocognitron: A new algorithm for pattern recognition tolerant of deformations and shifts in position," Pattern Recognition, Vol.15, No.6, pp.455-469 (1982)

[27] Y.LeCun, L.Bottou, Y.Bengio, and P.Haffner, "Gradient-based learning applied to document recognition," Proc. of the IEEE, pp.2278-2324 (1998)

[28] M.Jordan, "Attractor Dynamics and Parallelism in a Connectionist Sequential Machine," Proceedings of the Eighth Annual Conference of the Cognitive Science Society, pp.531-546 (1986)

[29] J.Elman, "Finding Structure in Time," Cognitive Science, Vol.14, pp.179-211 (1990)

[30] R.J.Williams, and J.Peng, "An Efficient Gradient-Based Algorithm for On-Line Training of Recurrent Network Trajectories," Neural Computation, Issue.2, pp.490-501 (1990)

[31] R.J.Williams, and D.Zipser, "A Learning Algorithm for Continually Running Fully Recurrent Neural Networks," Neural Computation, Issue.1, pp.270-280 (1989)

[32] R.S.Sutton and A.G.Barto, "Reinforcement Learning: An Introduction," A Bradford Book, The MIT Press (1998), 三方貞芳訳, 強化学習, 森北出版 (2000)

[33] L.P.Kaelbling, M.L.Littman, and A.W.Moore, "Reinforcement learning: a survey," Journal of Artificial Intelligence Research, 4, pp.237-285 (1996)

[34] 山村雅幸, 宮崎和光, 小林重信, "エージェントの学習," 人工知能学会誌, Vol.10,

No.5, pp.683-689 (1995)

[35] R.Sutton, "Learning to predict by the methods of temporal differences," Machine Learning, 3(1), pp.9-44 (1988)

[36] C.J.C.H.Watkins, Learning from Delayed Rewards, PhD thesis, Cambridge University, Cambridge, England (1989)

[37] C.J.C.H.Watkins and P.Dayan, Technical Note: Q-Learning, Machine Learning 8, pp.279-292 (1992)

[38] 小林(重)研究室・強化学習, http://www.fe.dis.titech.ac.jp/research/rl/index.html

[39] J.H.Holland and J.S.Reitman, "Cognitive systems based on adaptive algorithms," In Donald A. Waterman and Frederick Hayes-Roth, editors, Pattern-Directed Inference Systems, Academic Press, pp.313-329 (1978)

[40] 宮崎和光, 木村元, 小林重信, "ProfitSharing に基づく強化学習の理論と応用," 人工知能学会誌, Vol.14, No.5, pp.40-47 (1999)

[41] 宮崎和光, 木村元, 小林重信, "強化学習による報酬割り当ての理論的考察," 人工知能学会誌, Vol.9, No.4, pp.580-587 (1994)

[42] 前田陽一郎, 山中猛, "CMAC 学習に基づくオペレータの制御戦略を有するファジィ障害物回避制御," 第 6 回ファジィシステムシンポジウム, pp.531-534 (1990)

[43] 水谷謙介, 前田陽一郎, "CMAC 学習アルゴリズムを用いた入力デバイスによる操作特性の学習," 第 21 回ファジィシステムシンポジウム, pp.274-279 (2005)

[44] 前田陽一郎, 花香敏, "Shaping 強化学習を用いた自律エージェントの行動獲得支援手法," 日本知能情報ファジィ学会誌, Vol.21, No.5, pp.722-733 (2009)

[45] 杉山尚子, 島宗理, 佐藤方哉, リチャード・W・マロット, マリア・E・マロット, 行動分析学入門, 産業図書 (1998)

[46] J.H.Holland, Adaptation in Natural and Artificial Systems, University of Mechigan Press (1975), MIT Press (1992)

[47] 和田健之介, "遺伝的アルゴリズムと機械の進化," 基研研究会「非可逆な多体系への統計物理及びその周辺分野からのアプローチ」報告, 物性研究, Vol.57, No.2, pp.325-329 (1991)

[48] J.Nang and K.Matsuo, "A Survey on the Parallel Genetic Algorithms," 計測と制御, Vol.33, No.6, pp.500-509 (1994)

[49] C.Pettey, M.Leuze and J.Grefenstette, "A parallel genetic algorithm," Proc. of 2nd ICGA'87, pp.155-161 (1987)

[50] B.Manderick and P.Spiessens, "Fine-grained parallel genetic algorithms," Proc. of 3rd ICGA'89, pp.428-433 (1989)

[51] J.R.Koza, Genetic Programming: A Paradigm for Genetically Breeding Populations of Computer Programs to Solve Problems, Stanford University Computer Science Department Technical Report (1990)

[52] J.Koza, Genetic Programming, MIT Press (1992)

[53] J.Koza, Genetic Programming II, MIT Press (1994)

[54] 伊庭斉志, 遺伝的プログラミング, 東京電機大学出版局 (1996)

[55] I.Rechenberg, Evolutions Strategie - Optimierung technischer Systeme nach Prinzipien der biologischen Evolution (PhD thesis), (1971), Reprinted by Fromman-Holzboog (1973)

[56] L.J.Fogel, A.J.Owens, and M.J.Walsh, Artificial Intelligence through Simulated Evolution, John Wiley (1966)

[57] I.Harvey, P.Husbands and D.Cliff, "Issues in Evolutionary Robotics," From animals to animats 2, Proc. of the Second Intern. Conf. on Simulation of Adaptive Behavior, pp.364-373 (1993)

[58] F.Mondada and D.Floreano, "Evolution and mobile autonomous robotics," Proc. of the Evolutionary Engineering Approach, pp.221-249 (1995)

[59] D.Cliff and I.Harvey, and P.Husbands, "Explorations in Evolutionary Robotics," Adaptive Behavior, Vol.2, pp.72-110 (2000)

[60] S.Nolfi and D.Floreano, Evolutionary Robotics, MIT Press (2000)

[61] 前田陽一郎, 石川雅史, "遺伝的アルゴリズムを用いた色抽出のための閾値調整手法," 日本知能情報ファジィ学会誌, Vol.19, No.5, pp.514-523 (2007)

[62] 井庭崇, 福原義久, 複雑系入門〜知のフロンティアへの冒険〜, NTT 出版 (1998)

[63] 井上政義, 秦浩起, カオス科学の基礎と展開, 共立出版 (1999)
[64] H.G.Schuster, Deterministic chaos - An introduction (2nd, ed.), VCH Verlagsgesellschaft, Weinheim (1989)
[65] 樋口知之, "時系列のフラクタル," 数理統計, Vol.37, No.2, pp.209-233 (1989)
[66] 金子邦彦, "カオスによる複雑さと多様性の創発と進化," 電子情報通信学会誌, 77-2, pp.128-134 (1998)
[67] 長島弘幸, カオス入門, 培風館 (1992)
[68] 合原一幸, "脳波(EEG)のカオス," ニューラルシステムにおけるカオス, pp.99-101 (1993)
[69] 五百旗頭正, "カオスと予測," 日本ファジィ学会誌, Vol.7, No.3, pp.486-494 (1995)
[70] 堀内征治, ゆらぎの不思議, 信濃毎日新聞社 (1997)
[71] 藤田得光, 渡辺隆男, 安田恵一郎, 横山隆一, "間欠性カオス写像を用いた大域的最適化手法," 電子情報通信学会論文誌 A, Vol.J78-A, No.11, pp.1485-1493 (1995)
[72] 松村幸輝, "間欠性カオス写像を用いた軌道制御による移動障害物回避シミュレーション," 電子情報通信学会論文誌, Vol.J81-A, No.5, pp.870-880 (1998)
[73] 金子邦彦, "カオス、CML、複雑系," 科学, Vol.62, No.7, pp.427-435 (1992)
[74] 金子邦彦, 複雑系のカオス的シナリオ, 朝倉書店 (2001)
[75] 前田陽一郎, 松浦孝康, 水本雅晴, "変形ロジスティック写像による間欠性カオスを用いたマルチエージェントロボットのデッドロック回避手法," 計測自動制御学会論文集, Vol.42, No.8, pp.926-933 (2006)
[76] 前田陽一郎, 丹羽俊明, 山本昌幸, "大域結合写像によるインタラクティブカオティックサウンド生成システムおよび音楽的要素の導入," 日本知能情報ファジィ学会誌, Vol.18, No.4, pp.507-518 (2006)
[77] 前田陽一郎, 宮下滋, "対話型遺伝的アルゴリズムを用いたカオティック・インタラクティブ・サウンド生成システム," 日本知能情報ファジィ学会誌, Vol.21, No.5, pp.768-781 (2009)
[78] ロジカルアーツ研究所, ゆらぎアナライザーの概要, http://mahoroba.logical-

arts.jp/archives/197

[79] S.C.Lee and E.T.Lee, "Fuzzy sets and neural networks," Journal of Cybernetics, Vol.4, No.2, pp.83-103 (1974)

[80] 林勲, 馬野元秀, "ファジィ・ニューラルネットワークの現状と展望," 日本ファジィ学会誌, Vol.5, No.2, pp.178-190 (1993)

[81] 林勲, 古橋武 編著, ソフトコンピューティングシリーズ (6)「ファジィ・ニューラルネットワーク」, 朝倉書店 (1996)

[82] 古橋武, "遺伝的アルゴリズムとファジィ理論の組合せの最近の動向," 日本ファジィ学会誌, Vol.10, No.4, pp.584-592 (1998)

[83] M.A.Lee and H.Takagi, "Dynamic Control of Genetic Algorithms using Fuzzy Logic Techniques," Proc. of 5th International Conference on Genetic Algorithms (ICGA'93), pp.76-83 (1993)

[84] 前田陽一郎, "ファジィルールによる GA の探索能力改善手法," 第6回インテリジェントシステム・シンポジウム, pp.27-30 (1996)

[85] L.B.Booker, D.E.Goldberg and J.H.Holland, Classifier Systems and Genetic Algorithms, Machine Learning - Paradigms and Methods, J.G.Carbonell ed., MIT Press (1990)

[86] J.H.Holland and J.S.Reitman, "Cognitie Systems Based on Adaptive Algorithms," PatternDirected Inference Systems, pp.313-329 (1978)

[87] D.E.Goldberg, Genetic Algorithms in Search, Optimization, and Machine Learning, Addison-Wesley Publishing Company (1989)

[88] S.F.Smith, "A Learning System Based on Genetic Algorithms," Ph.D. Dissertation, University of Pittsburgh, Pittsburgh, PA (1980)

[89] 石渕 久生, "ファジィクラシファイアシステム," 日本ファジィ学会誌, Vol.10, No.4, pp.613-625 (1998)

[90] M.Valenzuela-Rendon, "The Fuzzy Classifier Sistem: A Classifier System for Continuously Varing Variables," Proc. of 4th International Conference on Genetic Alrgorithms, pp.346-353 (1991)

[91] 古橋武, 中岡謙, 森川幸治, 前田宏, 内川嘉樹, "ファジィクラシファイアシ

ステムによる知識発見に関する一考察," 日本ファジィ学会誌, Vol.7, No.4, pp.839-848 (1995)

[92] 中島智晴, 村田忠彦, 石渕久生, "クラシファイアシステムを用いたファジィ識別ルールの獲得," システム制御情報学会講演論文集, pp.57-58 (1995)

[93] 石渕久生, 中島智晴, 村田忠彦, "ファジィ識別システム構築のためのミシガンアプローチとピッツバーグアプローチの比較," 電子情報通信学会論文誌 A, 第 J80-A 巻 2 号, pp.379-387 (1997)

[94] Y.Maeda and Q.Li, "Parallel Genetic Algorithm with Adaptive Genetic Parameters Tuned by Fuzzy Reasoning," Journal ofInnovating Computing, Information and Control, Vol.1, No.1, pp.95-107 (2005)

[95] 平野廣美, 遺伝的アルゴリズムと遺伝的プログラミング, パーソナルメディア (2000)

[96] T.Shose, Y.Maeda, and Y.Takahashi, "Skill Acquisition and Rule Extraction Method of Expert's Operation," Proc. of 2012 IEEE International Conference on Fuzzy Systems (FUZZ-IEEE 2012), pp.576-581 (2012)

[97] 堀内匡, 藤野昭典, 片井修, 椹木哲夫, "連続値入力を扱うファジィ内挿型 Q-Learning の提案," 計測自動制御学会論文集, Vol.35, No.2, pp.271-279 (1999)

[98] Y.Maeda and K.Makita, "Modified Profit Sharing Method with Continuous States Divided by Fuzzy Rules," Proc. of the Second International Conference on Computational Intelligence, Robotics and Autonomous Systems (CIRAS 2003), PS03-1-03 (2003)

[99] 花香敏, 前田陽一郎, "自律移動ロボットの戦略獲得のためのファジィ状態分割型強化学習," 第 23 回日本ロボット学会学術講演会, 3E12 (2005)

[100] G.Beni, and J.Wang, "Swarm Intelligence in Cellular Robotic Systems," Proc. NATO Advanced Workshop on Robots and Biological Systems, pp.26-30 (1989)

[101] A.Colorni, M.Dorigo, and V.Maniezzo, "Distributed optimization by ant colonies," Proc. European Conference on Artificial Life, MIT Press, pp.134-142 (1991)

[102] M.Dorigo, V.Maniezzo, and A.Coloni, "Ant System: Optimizaion by a Colony of Cooperating Agents," IEEE Transaction on System, Man, and Cybernetics - Part B, Vol. 26, No.1, pp.29-41 (1996)

[103] J.Kennedy and R.C.Eberhart, "Particle swarm optimization," Proc. IEEE International Conference on Neural Networks, pp.1942-1948 (1995)

[104] R.Storn and K.Price, "Differential evolution: A simple and efficient heuristic for global optimization over continuous spaces," Journal of Global Optimization, Vol.11(4), pp.341-356 (1997)

[105] K.V.Price, R.M.Storn, and J.A.Lampinen, Differential evolution - A Practical Approach to Global Optimization, Springer, Berlin Heidelberg (2005)

[106] D.Karaboga and B.Basturk, "A powerful and efficient algorithm for numerical function optimization: Artificial bee colony (ABC) algorithm," J. Global Optimization, Vol.39, pp.459-471 (2007)

[107] 加藤達郎, 前田陽一郎, 高橋泰岳, "算術交叉を用いた改良型 Artificial Bee Colony アルゴリズム," 第 28 回ファジィシステムシンポジウム, WM3-3 (2012)

[108] Z.Michalewicz, Genetic Algorithm + Data Structures = Evolutionary Programs, Springer-Verlag (1992)

演習問題解答

第 1 章（ソフトコンピューティング概論）

【1-1】知能化手法の特徴

知能化手法はそれぞれに異なる特徴を持っている。各手法は以下のような機能を有するので、対象問題に対して適材適所で適切な手法を選んで利用することが重要である。

- 知識表現：人工知能、ファジィ理論
- 学習：ニューラルネットワーク、強化学習、遺伝的アルゴリズム
- 最適化：ニューラルネットワーク、遺伝的アルゴリズム
- 予測：カオス理論

第 2 章（曖昧理論）

【2-1】ファジィ集合の関係演算

ファジィ関係 $\tilde{R}$「y は x にほぼ等しい」を以下のように定義したとして、式 (2.12) のファジィ関係 $\tilde{S}$「z は y よりかなり大きい」との合成を考える。

$$\tilde{R} = \begin{bmatrix} 1 & 0.2 & 0 \\ 0.2 & 1 & 0.4 \\ 0 & 0.4 & 1 \end{bmatrix} \quad \tilde{S} = \begin{bmatrix} 0 & 0.2 & 0.6 & 1 \\ 0 & 0 & 0.2 & 0.6 \\ 0 & 0 & 0 & 0.2 \end{bmatrix}$$

これらのファジィ関係の合成ファジィ関係 $\tilde{R} \circ \tilde{S}$「$z$ は x よりかなり大きい」をファジィ行列で求めると以下のようになる。

$$\tilde{R} \circ \tilde{S} = \begin{bmatrix} 1 & 0.2 & 0 \\ 0.2 & 1 & 0.4 \\ 0 & 0.4 & 1 \end{bmatrix} \circ \begin{bmatrix} 0 & 0.2 & 0.6 & 1 \\ 0 & 0 & 0.2 & 0.6 \\ 0 & 0 & 0 & 0.2 \end{bmatrix} = \begin{bmatrix} 0 & 0.2 & 0.6 & 1 \\ 0 & 0.2 & 0.2 & 0.6 \\ 0 & 0 & 0.2 & 0.4 \end{bmatrix}$$

合成後の関係をよく見ると、あいまいさが増加していることに注意されたい。このようにファジィ関係の合成を繰り返すと、あいまいさが徐々に広がっていくという特徴がある。

【2-2】ファジィ関係の演算

演算結果の集合については省略する。演算結果の集合の包含関係は教科書の本文中にも記載したが、以下のようになっていることがわかる。

積演算：論理積 ⊃ 代数積 ⊃ 限界積 ⊃ 激烈積
和演算：論理和 ⊂ 代数和 ⊂ 限界和 ⊂ 激烈和

【2-3】ファジィ制御ルールの作成

ファジィ推論ルールの一例を以下の図に示す。ここでは前件部の車間距離 D と車速 S のメンバーシップ関数については3段階で、後件部のアクセル開度 A とブレーキ制動量 B については4段階でファジィ分割を行った。後件部シングルトンの数は少なくとも前件部のファジィ分割数を超えるものを用意しないと、きめ細かいファジィルールが設定できないので注意を要する。出力結果の手計算については省略する。

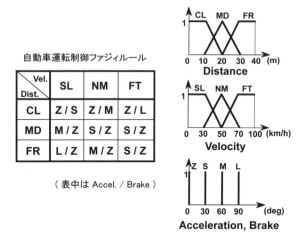

図 7.8: アクセルとブレーキのファジィ制御（例）

第 3 章（学習理論）

【3-1】ニューロンモデルの論理関数

AND 関数（論理積）、OR 関数（論理和）、XOR 関数（排他的論理和）の論理関数はそれぞれ表 7.4 から表 7.6 のような演算となる。これを図 3.29 のニューロンモデルで実現するには、例えば AND 関数の場合 $\theta = 1.5$、OR 関数の場合 $\theta = 0.5$ に設定すれば、同等の論理回路が実現できる。しかしながら、XOR 関数は線形非分離問題に相当するため 1 個のニューロンでは不可能で、2 個以上のニューロンを用いないと実現できない。ちなみに、単純パーセプトロンでも同様にこのような線形非分離問題を解けないことが知られている。

表 7.4: AND 関数

x_1	x_2	y
0	0	0
0	1	0
1	0	0
1	1	1

表 7.5: OR 関数

x_1	x_2	y
0	0	0
0	1	1
1	0	1
1	1	1

表 7.6: XOR 関数

x_1	x_2	y
0	0	0
0	1	1
1	0	1
1	1	0

【3-2】ニューラルネットワーク学習システムの設計

解答は省略。

ヒント：NN は教師あり学習で、入出力関係の目標値（教師信号）があらかじめわかっているような問題でないと適用できない。入力と出力の理想的な組み合わせが不明な問題については、強化学習などの教師なし学習を用いる必要がある。また、時系列データ（音楽の旋律、動作パターンなど）を学習したい場合にはリカレント NN を用いることになる。入出力のユニット数は扱うデータの規模に応じて決まり、層数は対象問題が複雑になればなるほど層数を増やして深層学習などの多層 NN を適用する必要がある。

【3-3】強化学習の実例

強化学習の一例を以下にあげておく。

- 赤ちゃんの成長過程における知能の発達
- 対戦ゲームまたはスポーツにおけるプレーヤーの作戦
- 社会システムにおけるビジネスモデルや企業戦略　など

第 4 章（進化理論）

【4-1】個体の選択確率の計算

　　表中のエリート個体は適応度 5.0 の No.4 の個体なので、これを除いた個体すべての適応度の総和は 25 となる。よって、個体 No.8 の次世代に生き残る選択確率は次のようになる。

$$P(I_8) = \frac{f(I_8)}{\sum_{i=1}^{10} f(I_i) - f(I_4)} = 3.9/25 = 0.156 = 15.6\%$$

【4-2】遺伝子の交叉演算

　　2 つの親個体を 2 点交叉した場合と、一様交叉した場合に生成される子個体を以下に示す。

　　1) 2 点交叉で生成される子個体　　　2) 一様交叉で生成される子個体

子個体 1 | 1 0 0 1 1 0 1 1 0 1 　　　子個体 1 | 1 1 0 1 1 0 0 1 0 0
子個体 2 | 0 1 0 0 1 1 0 1 1 0 　　　子個体 2 | 0 0 0 0 1 1 1 1 1 1

【4-3】グレイコーディングの変換

　　10 進数で 0 から 7 までの 8 つの値をまずバイナリコード（2 進数）に変換し、式 (4.12) を用いてグレイコードに変換した結果を以下に示す。10 進数において隣り合う数値のハミング距離が、バイナリコードの場合は最大 3 であるが、グレイコードでは両端（0 と 7）も含めてすべて 1 になっていることがわかる。

10 進数	Binary Code	Gray Code
0	000	000
1	001	001
2	010	011
3	011	010
4	100	110
5	101	111
6	110	101
7	111	100

第5章（複雑系理論）

【5-1】 カオスとランダムについて

　カオスとランダム（ランダムネス）は根本的に異なっている。なぜなら、ランダムは数式には書けない（非決定論的）が、カオスは数式で記述できる（決定論的）からである。しかしながら、これらの挙動はいずれも複雑かつ予測不可能という点で極めて似ている。実際、ロジスティック写像を乱数発生器に用いることも可能である。

　また、カオスとランダムの2つは現象へのアプローチも異なっている。カオスは、その振る舞いが決定論的法則に従うものの、積分法による解が得られないため、その未来の振る舞いを知るには数値解析に頼らざるを得ない。ランダムは確率的アプローチで、確率分布という形で値が規定されるものである。カオス的アプローチでは現象を記述する方程式があるので本来ならば数式の演算により値が求まるはずであるが、初期値のほんのわずかな誤差が遠い未来で大きく値が異なるため一般に予測不能となる。

　カオスとランダムは、いずれも不規則で複雑な挙動を表現できるという特徴をもつが、数式で表現することができるカオスのほうが工学的には有用性が高いとも考えられる。

【5-2】1/f ゆらぎの実例

　自然界には多くの 1/f ゆらぎ現象が見られるが、例えば、心拍の間隔、炎の揺れ方、電車の揺れ、小川のせせらぎ、波の間隔、眼球運動（固視微動）、木漏れ日、金属の抵抗値、ネットワーク情報流、蛍の光り方などが一例として挙げられる。医療分野では 1/f ゆらぎが音楽療法としても利用されている。例えば、クラシック音楽の例では、モーツァルトの音楽は高調波成分の多いバイオリンの音と、高調波成分の少ないフルートの音を巧みに組み合わせるなど、比較的 1/f ゆらぎの度合いが高い楽曲が多いことで知られている。

第 6 章（ハイブリッド手法）

【6-1】**NN と GA の探索性能の比較**

　NN は脳を構成する神経回路網を抽象化し、実際の生物原理を模倣したアルゴリズムであるのに対して、GA はダーウィン進化論の発想に基づいて生物進化の過程を抽象化したアルゴリズムである。

【共通点】実際の生物の原理をモデルとしており、どちらも並列度が高い。

【相違点】NN は一個体の学習に対して、GA は個体集団の学習（種の適応）を扱っている。探索方法も NN は最急降下法（山登り法）のみで探索を行うが、GA はこれに解の確率的選択要素が加わる。（通常、NN ではシミュレーテッドアニーリングなどの方法により確率的探索機能を持たせる）

【長所/短所】NN は局所探索手法で解空間上の現在点の近傍が次の探索点になる。GA は大域サンプリングを中心とした手法であり、解空間上に複数の探索点を設定する。次の探索点は選択、交叉、突然変異などで決定される。そのため、大域的（グローバル）には NN より GA のほうが一般に最適解を得る可能性が高い。しかしながら、GA では局所的探索は行なわれず、探索点群の収束や突然変異にまかされているため、収束期に解がゆらぎやすい。

【6-2】組み合わせ手法の検討

　解答は省略。

第 7 章（生物群知能）

【7-1】創発現象の実例

このような群知能をもつ創発システムは自然界や人間社会に多数存在し、蟻のフェロモンやコロニー形成、蜜蜂の採餌行動、バクテリアや細菌のコロニー、鳥や魚の群れ形成、マクロ経済学、インターネットの相互接続による地球全体として知性（巨大知）など多くの例がある。理由については省略。

索引

A
ABC ... 207
AC-ABC ... 212
ACO ... 197
Actor ... 74
Actor-Critic 法 ... 74
AL-CMAC ... 182
Albus ... 54
Alpine 関数 ... 214
Ant System ... 197
auto encoder ... 61

B
BP 法 ... 42, 45, 48
building block ... 100

C
Cellular GA ... 101
chaos ... 125
chromosome ... 88
CMAC ... 54, 182
CMAC マップ ... 185
CML ... 151
CNN ... 62
Coarse-grained GA ... 101
Critic ... 74
crossover ... 88, 92

D
DE ... 204
Deep Learning ... 45
Deep Q-Network ... 60
defuzzification ... 28

E
EA ... 108
EC ... 108
emergence ... 197, 220
employed bee ... 208
EP ... 108
ER ... 110
ES ... 108

F
FASGA ... 175
FASPGP ... 177
Fine-grained GA ... 101
fitness ... 88
FNN ... 169, 182
FPS ... 190
fuzziness ... 9
fuzzy ... 9
fuzzy inference ... 23
fuzzy reasoning ... 23

G
GA ... 6, 87, 108, 172
GBML ... 172
GCM ... 153, 162
gene ... 88
genotype ... 89
GP ... 103, 108
Griewank 関数 ... 214
GS-ABC ... 213

H
Holland ... 88, 98
Hopfield ... 46

I
ICAS ... 162
individual ... 88
Island GA ... 101, 177

K
Kohonen ... 57
Koza ... 103

L

local minimum 92
Lorenz 126, 142
Lukasiewicz 23

M

Mamdani 10, 23, 26
Mandelbrot 129
Marr 54
max-min 合成 20, 26
McCulloch 42, 43
min-max-重心法 29
Minsky 42, 48
modus ponens 24
modus tollens 24
mutation 88, 93

O

onlooker bee 208

P

particle 201
PGA 101, 177
phenotype 89
Pitts 42, 43
Poincare 126
Profit Sharing 67, 72, 190
Profit Sharing の合理性定理 74
PSO 201

Q

Q-Learning 69
Q-Learning の収束定理 71
Q 学習 69
Q 値 69

R

Rössler 143
Random Ring 法 102
Rastrigin 関数 214
reinforcement 65
RNN 46, 63
Rosenblatt 42, 47
Rosenbrock 関数 214
Rumelhart 42, 48

S

scout bee 208
selection 88, 90
SGA 94, 114
Shaping 77
Shaping 強化学習 77

Shaping 報酬 78
SOM 56
Sphere 関数 214
Swarm Intelligence 197
S 式 103

T

Takens 126
TD 学習 68
TD 誤差 68, 74

W

Watkins 69

Z

Zadeh 2, 10, 23

あ

あいまいさ 9
曖昧理論 3
蟻コロニー最適化 197

い

移住 101
移住率 177
一様交叉 92
1 点交叉 92, 95, 98
一般化 modus ponens 25
遺伝子 88
遺伝子型 89
遺伝子座 88, 95
遺伝的アルゴリズム 1, 87, 108, 172
遺伝的オペレータ 90
遺伝的プログラミング 103, 108
移動ロボット 33
ϵ-グリーディ法 71
入れ子構造 127
色抽出 115

う

埋め込み 145

え

エイリアシング 68
エピソード 72
$1/f$ ゆらぎ 147, 165
エリート保存戦略 91
エルゴート性 71
エルマン型 RNN 64

お

重み 50
温度定数 72

か

- χ 関数 12
- 階層型ニューラルネットワーク 45
- 階層型ファジィ行動制御 37
- 乖離度 129, 139
- カオス 125, 136
- カオスアトラクタ 134
- カオス性 128
- カオス的遍歴 154
- カオスの縁 139, 149
- カオスの窓 139
- カオス理論 1, 125
- 過学習 60
- 学習係数 51
- 学習ゲイン 56, 183
- 学習率 59, 68, 72, 73
- 学習理論 3
- 画像処理 115
- 可塑結合 43
- 含意 22, 24
- 含意公式 23
- 環境同定型 67
- 間欠性カオス 149, 155
- 簡略化ファジィ推論法 30

き

- 木 103
- 機械学習 172
- 木構造 103
- 逆位 104, 106
- 逆位率 177
- 球面 SOM 59
- 強化 65
- 強化学習 6, 65, 189
- 競合層 56
- 教師あり学習 65
- 教師信号 49, 52, 56
- 教師なし学習 65
- 共通集合 16
- 局所解 51, 92
- 局所再構成 146
- 局所ファジィ再構成法 145, 147
- 近似推論 23, 25
- 近傍関数 58

く

- グラム・シュミットの正規直交化法 145
- グリーディ選択 207
- クリスプ集合 11
- グレイコーディング 97
- グレード 14
- 群知能 197

け

- 経験強化型 67
- 形式ニューロン 43
- 激烈積 20
- 激烈和 20
- 結合荷重 44
- 結合写像格子 151
- 決定論的 125
- 決定論的カオス 125
- 決定論的非線形現象 125
- 決定論的非線形短期予測 144
- 限界積 20
- 限界和 20
- 見物蜂 208

こ

- 交叉 88, 92, 104
- 交叉率 92
- 行動価値関数 69
- 勾配消失 60
- 勾配法 50
- コーディング 112
- コード化 90
- 誤差逆伝播法 42, 45, 48, 53
- 誤差信号 52
- 個体 88
- 個体群 96
- コッホ曲線 130
- 固定点 135
- コホネンマップ 57

さ

- 再帰型ニューラルネットワーク 46
- 最急降下法 50
- 最大適応度 96, 175
- サウンド生成システム 162
- サブ集団 101
- 差分進化 204
- 差分方程式 135
- 算術交叉型 ABC アルゴリズム 212
- 参照ベクトル 57
- サンタフェトレイル 178

し

- 閾値 44
- 軸索 42
- シグモイド関数 44, 50
- 次元の呪い 54
- 自己相関関数 133
- 自己相似性 127, 140
- 自己組織化マップ 56
- 自己符号化器 61

- 239 -

二乗誤差	50
指数交叉	205
シナプス	43
シナプス結合	42
島	101
シミュレーテッドアニーリング	51, 159
シャッフル交叉	92
周期倍分岐	134, 138
周期倍分岐図	140
修飾作用素	21
重心法	28
終端記号	179
集団サイズ	90
終端ノード	103
樹状突起	42
出力層	45, 49
巡回セールスマン問題	111
障害物回避	155
勝者ユニット	57
初期収束	92, 97
初期値鋭敏性	126, 145
ジョルダン型 RNN	64
進化	87
進化システム	87
進化的アルゴリズム	108
進化的計算	108
進化的戦略	108, 109
進化的プログラミング	108, 110
進化理論	3
進化ロボット工学	110
シングルトン	30, 155
人工蟻探索シミュレーション	178
人工生命	1, 2
人工知能	1, 2
人工ニューラルネットワーク	42
人工蜂コロニー	207
深層学習	45, 60
信頼度割当て	173
真理値	22

す

推論	23
スキーマ	98
スキーマタ	93, 98
スキーマタ定理	98, 100
スケーリング	97
ステップ関数	44
ストレンジアトラクタ	126, 142

せ

政策	67
生物群知能	6, 197

生物集団	96
積集合	17
セグメント交叉	92
染色体	88
選択	88, 90

そ

相関次元	131
相互結合型ニューラルネットワーク	46
創発	197, 220
ソフトコンピューティング	1
ソフトマックス法	70, 75

た

大域結合写像	153, 162
大域探索型 ABC アルゴリズム	213
大規模カオス	136, 151
代数積	20
代数積-加算-重心法	31
代数和	20
対立遺伝子	88, 93
タイルコーディング	54
タケンスの埋め込み定理	145
多層パーセプトロン	47, 63
畳み込み層	62
畳み込みニューラルネットワーク	62
多値論理	22
多点交叉	92
多峰性	178
騙し問題	96
多様性	94
単純 GA	94, 114
単純交叉	92, 95, 98
単純パーセプトロン	47
単峰性	178

ち

秩序相	154, 165
中間層	45, 49
長期予測不可能性	126, 144
直積	18

つ

積木仮説	100

て

ディープラーニング	60
定義関数	12
偵察蜂	208
適応学習 CMAC	182
適応学習ゲイン	182
適応度	88
適応度関数	91, 112

適応度比例戦略 90, 97
適応変異 93
適合度 32
デコード化 90
テセレーション法 145
デッドロック回避 155

と
同期相 154, 165
淘汰圧 97
トーナメント選択 91
トーラス SOM 134, 136
トーラス SOM 60
トーラス型自己組織化マップ 59
突然変異 88, 93, 104
突然変異率 93

な
ナップザック問題 111

に
二項関係 18
二項交叉 205
2値論理 22
2点交叉 92
2^n minima 関数 214
ニューラルネットワーク 1, 6, 41, 45
入力層 45, 49
ニューロン 41, 50
ニューロンモデル 42, 43

ね
ネオコグニトロン 62

は
バースト部 149
パーセプトロン 42, 47
パイこね変換 127
排中律 13, 16
バイナリコーディング 96
ハイブリッド型探索 GA 175
ハイブリッド手法 6, 169
ハウスドルフ次元 131
バケツリレーアルゴリズム 173
バタフライ効果 127
働き蜂 208
バックプロパゲーション 42, 48, 53
ハミング距離 94, 96
パワースペクトル 128, 148

ひ
非決定論的 125

非終端記号 179
非終端ノード 103
非整数次元 130
ピッツアプローチ 172
否定 22
非同期相 154, 165
非ファジィ化 28
表現型 89
標準シグモイド関数 45, 52
ピンクノイズ 149

ふ
ファイゲンバウム定数 140
ファジィアルゴリズム 10
ファジィ関係 18
ファジィ行列 19
ファジィクラシファイアシステム .. 172, 173
ファジィ集合 11, 13, 16
ファジィ集合論 10
ファジィ述語 21
ファジィ障害物回避制御 33
ファジィ状態分割型 Profit Sharing .. 190
ファジィ状態分割型強化学習 189
ファジィ推論 23, 29, 31
ファジィ制御 25, 26, 27, 32
ファジィ測度 11
ファジィ適応型探索 GA 175
ファジィ適応型探索並列 GP 177
ファジィニューラルネットワーク .. 169, 182
ファジィ命題 21
ファジィラベル 14, 27
ファジィ理論 1, 9
ファジィルール 25, 27, 38
ファジィルール学習 182
ファジィルールマップ 27
ファジィ論理 11, 22
プーリング層 62
ブール代数 22
フェロモン 198
複雑系 125
複雑系理論 3
部分秩序相 154, 165
フラクタル構造 127, 140
フラクタル次元 129
フラクタル図形 129
フラクタル性 127
ブレンド交叉 92
プロダクションルール 11, 23, 33, 103, 172
分散荷重 54
分類子 173
分類子システム 72, 173

- 241 -

へ

平均適応度 96, 99, 175
平面 SOM 59
並列 GA 177
並列 GP 177
並列遺伝的アルゴリズム 101
変形ベルヌーイ写像 149
変形ロジスティック写像 155

ほ

ポアンカレ写像 134
ポアンカレマップ 134
包含関係 17
報酬 65, 69, 192
補集合 17
ホップフィールドネットワーク 46
ボルツマン選択 70
ボルツマンマシン 47
ホワイトノイズ 149

ま

マルコフ決定過程 67, 71
マルチエージェントロボット 155

み

ミシガンアプローチ 172

む

矛盾律 13, 16

め

命題 21
命題論理 22
メンバーシップ関数 14

や

焼きなまし法 51

ゆ

ユークリッド距離 58

よ

容量次元 131

ら

ラジアル基底関数 170
ラミナー部 149
ランク選択 91
ランダム 127

り

リアプノフ指数 128, 139
リカレントニューラルネットワーク ... 46, 63
利得 67
リミットサイクル 134, 136
粒子群最適化 201

る

ルーレット選択 73, 90, 95, 97

れ

レスラーアトラクタ 134, 143

ろ

ローカルミニマム 51
ローレンツアトラクタ 126, 142
ローレンツモデル 142
ロジスティック写像 132, 135, 145, 153, 163
ロジスティックマップ 135, 138
ロボット 37, 110
論理積 20
論理和 20

わ

和集合 17
割引率 68, 72, 73, 192

著 者 略 歴

前田陽一郎
まえだ よういちろう

1983 (昭和58) 年 大阪大学 大学院 基礎工学研究科 (物理系専攻 修士課程) 修了. 同年, 三菱電機 (株) 中央研究所, 応用機器研究所, 産業システム研究所を経て, 1989 (平成元) 年4月から1992 (平成4) 年3月まで 通産省技術研究組合 国際ファジィ工学研究所 (LIFE) へ出向. 1995 (平成7) 年 大阪電気通信大学 工学部 経営工学科 助教授を経て, 総合情報学部 情報工学科 助教授. 1999 (平成11) 年4月から2000 (平成12) 年3月までカナダ・ブリティッシュコロンビア大学 客員研究員. 2002 (平成14) 年 福井大学 工学部 知能システム工学科 助教授. 2007 (平成19) 年 同大学 大学院 工学研究科 知能システム工学専攻 教授. 2013 (平成25) 年 大阪工業大学 工学部 ロボット工学科 教授. 2015 (平成27) 年 ものつくり大学 技能工芸学部 製造学科 教授. 2017 (平成29) 年 立命館大学 情報理工学部 知能情報コース 教授. 2022 (令和4) 年 東京都立大学 特任教授・非常勤講師および関西大学 非常勤講師. 2023 (令和5) 年4月から 大和大学 教授. 博士 (工学). 専門は, ソフトコンピューティング, 知能ロボット, 人間共生システム.

知能情報工学入門　　　　　　　　(実用理工学入門講座)

2017年7月30日　初版発行
2023年10月30日　再版発行

　　　　　　© 著　者　前 田 陽 一 郎

　　　　　　　発行者　小 川 浩 志

　　　発行所　**日新出版株式会社**
　　　　　　　東京都世田谷区深沢 5-2-20
　　　　　　　TEL〔03〕(3701) 4112
　　　　　　　FAX〔03〕(3703) 0106
ISBN978-4-8173-0247-2　振替 00100-0-6044, 郵便番号 158-0081

2023 Printed in Japan　　　　　印刷・製本 平河工業社

日新出版の教科書・参考書

わかる自動制御	椹木・添田 編著	328頁
わかる自動制御演習	椹木 監修 添田・中溝 共著	220頁
自動制御の講義と演習	添田・中溝 共著	190頁
システム工学の基礎	椹木・添田・中溝 編著	246頁
システム工学の講義と演習	添田・中溝 共著	174頁
システム制御の講義と演習	中溝・小林 共著	154頁
ディジタル制御の講義と演習	中溝・田村・山根・申 共著	166頁
基礎からの制御工学	岡本 良夫 著	140頁
振動工学の基礎	添田・得丸・中溝・岩井 共著	198頁
振動工学の講義と演習	岩井・日野・水本 共著	200頁
新版 機構学入門	松田・曽我部・野飼 他著	178頁
機械力学の基礎	添田 監修 芳村・小西 共著	148頁
機械力学入門	棚澤・坂野・田村・本西 共著	242頁
基礎からの機械力学	景山・矢口・山崎 共著	144頁
基礎からのメカトロニクス	岩田・荒木・橋本・岡 共著	158頁
基礎からのロボット工学	小松・福田・前田・吉見 共著	243頁
機械システムの運動・振動入門	小松 督 著	181頁
よくわかるコンピュータによる製図	櫻井・井原・矢田 共著	92頁
材料力学（改訂版）	竹内 洋一郎 著	320頁
基礎材料力学	柳沢・野田・入交・中村 他著	184頁
基礎材料力学演習	柳沢・野田・入交・中村 他著	186頁
基礎弾性力学	野田・谷川・須見・辻 共著	196頁
基礎塑性力学	野田・中村(保) 共著	182頁
基礎計算力学	谷川・畑・中西・野田 共著	218頁
要説材料力学	野田・谷川・辻・渡邊 他著	270頁
要説材料力学演習	野田・谷川・芦田・辻 他著	224頁
基礎入門材料力学	中條 祐一 著	156頁
新版 機械材料の基礎	湯浅 栄二 著	126頁
基礎からの材料加工法	横田・青山・清水・井上 他著	214頁
新版 基礎からの機械・金属材料	斎藤・小林・中川 共著	156頁
わかる内燃機関	廣安 博之 著	272頁
わかる熱力学	田中・田川・氏家 共著	204頁
わかる蒸気工学	西川 監修 田川・川口 共著	308頁
伝熱工学の基礎	望月・村田 共著	296頁
基礎からの伝熱工学	佐野・齊藤 共著	160頁
ゼロからスタート・熱力学	石原・飽本 共著	172頁
わかる自動車工学	樋口・長江・小口・渡部 他著	206頁
わかる流体の力学	山枡・横溝・森田 共著	202頁
工学解析ノート	横溝・森田・太田 共著	214頁
詳解 圧縮性流体力学の基礎	森田 信義 著	202頁
詳解 水力学演習	水力学演習書プロジェクト 編著	206頁
わかる水力学	今市・田口・谷林・本池 共著	196頁
水力学と流体機械	八田・田口・加賀 共著	208頁
流体力学の基礎	八田・鳥居・田口 共著	200頁
基礎からの流体工学	築地・山根・白濱 共著	148頁
基礎からの流れ学	江尻 英治 著	184頁
わかるアナログ電子回路	江間・和田・深井・金谷 共著	252頁
わかるディジタル電子回路	秋谷・平間・都築・長田 他著	200頁
電子回路の講義と演習	杉本・島・谷本 共著	250頁
わかる電子物性	中澤・江良・野村・矢萩 共著	180頁

日新出版の教科書・参考書

基礎からの半導体工学	清水・星・池田 共著	158頁
基礎からの半導体デバイス	和保・澤田・佐々木・北川 他著	180頁
電子デバイス入門	室・脇田・阿武 共著	140頁
わかる電子計測	中根・渡辺・葛谷・山﨑 共著	224頁
要点学習 通信工学	太田・小堀 共著	134頁
新版わかる電気回路演習	百目鬼・岩尾・瀬戸・江原 共著	200頁
わかる電気回路基礎演習	光井・伊藤・海老原 共著	202頁
電気回路の講義と演習	岩崎・齋藤・八田・入倉 共著	196頁
英語で学ぶ電気回路	永吉・水谷・岡崎・日髙 共著	226頁
わかる音響学	中村・吉久・深井・谷澤 共著	152頁
音響学入門	吉久(信)・谷澤・吉久(光)共著	118頁
電磁気学の講義と演習	湯本・山口・髙橋・吉久 共著	216頁
基礎からの電磁気学	中川・中田・佐々木・鈴木 共著	126頁
電磁気学入門	中田・松本 共著	165頁
基礎からの電磁波工学	伊藤・岩崎・岡田・長谷川 共著	204頁
基礎からの高電圧工学	花岡・石田 共著	216頁
わかる情報理論	島田・木内・大松 共著	190頁
わかる画像工学	赤塚・稲村 編著	226頁
基礎からのコンピュータグラフィックス	向井信彦 著	191頁
生活環境 データの統計的解析入門	藤井・清澄・篠原・古本 共著	146頁
統計ソフトRによる データ活用入門	村上・日野・山本・石田 共著	205頁
統計ソフトRによる 多次元データ処理入門	村上・日野・山本・石田 共著	265頁
Processingによるプログラミング入門	藤井・村上 共著	245頁
新版 論理設計入門	相原・髙松・林田・髙橋 共著	146頁
知能情報工学入門	前田陽一郎 著	250頁
ロボット・意識・心	武野純一 著	158頁
熱 応 力	竹内著・野田増補	456頁
力学・波動	浅田・星野・中島・藤間 他著	236頁
技術系物理基礎	岩井編著 巨海・森本 他著	321頁
初等熱力学・統計力学	竹内・三嶋・稲部 共著	124頁
基礎物性物理工学	石黒・竹内・冨田 共著	202頁
環境の化学	安藤・古田・瀬戸・秋山 共著	180頁
増補改訂 現代の化学	渡辺・松本・上原・寺嶋 共著	210頁
構造力学の基礎	竹間・樫山 共著	312頁
技術系数学基礎	岩井善太 著	294頁
基礎から応用までのラプラス変換・フーリエ解析	森本・村上 共著	145頁
フーリエ解析学初等講義	野原・古田 共著	162頁
Mathematicaと微分方程式	野原勉 著	198頁
理系のための数学リテラシー	野原・矢作 共著	168頁
微分方程式通論	矢野健太郎 著	408頁
わかる代数学	秋山著・春日屋改訂	342頁
わかる三角法	秋山著・春日屋改訂	268頁
わかる幾何学	秋山著・春日屋改訂	388頁
わかる立体幾何学	秋山著・春日屋改訂	294頁
解析幾何早わかり	秋山著・春日屋改訂	278頁
微分積分早わかり	秋山著・春日屋改訂	208頁
微分方程式早わかり	春日屋伸昌 著	136頁
わかる微分学	秋山著・春日屋改訂	410頁
わかる積分学	秋山著・春日屋改訂	310頁
わかる常微分方程式	春日屋伸昌 著	356頁